SCHRIFTEN DES RHEINISCH - WESTFÄLISCHEN INSTITUTES
FÜR INSTRUMENTELLE MATHEMATIK AN DER UNIVERSITÄT
BONN

Herausgeber: E. PESCHL, H. UNGER

Serie A, Nr. 14

Eberhard Schock

Über einige lineare Räume von nichtlinearen Abbildungen

1967

FORSCHUNGSBERICHTE DES LANDES NORDRHEIN-WESTFALEN

Nr. 1868

Herausgegeben im Auftrage des Ministerpräsidenten Heinz Kühn
von Staatssekretär Professor Dr. h. c. Dr. E. h. Leo Brandt

DK 513.835:513.881

Dr. rer. nat. Eberhard Schock

*Rheinisch-Westfälisches Institut
für Instrumentelle Mathematik Bonn (IIM)*

Über einige lineare Räume
von nichtlinearen Abbildungen

WESTDEUTSCHER VERLAG · KÖLN UND OPLADEN 1967

Diese Veröffentlichung ist zugleich Nr. 14 der «Schriften des Rheinisch-Westfälischen Institutes für Instrumentelle Mathematik an der Universität Bonn (Serie A)»

ISBN 978-3-322-97939-1   ISBN 978-3-322-98501-9 (eBook)
DOI 10.1007/978-3-322-98501-9

Verlags-Nr. 011868

© 1967 by Westdeutscher Verlag, Köln und Opladen

Gesamtherstellung: Westdeutscher Verlag ·

Vorwort

Nichtlineare Abbildungen von einem topologischen Raum M in einen topologischen Raum M' sind in den letzten Jahrzehnten in einem immer stärkeren Maße behandelt worden. Da die Autoren in der Regel an numerischen Problemstellungen orientiert waren, wurden meist Abbildungen in Hilbert- oder in Banachräumen behandelt. Es fehlten aber Untersuchungen über die Gestalt einer beliebigen nichtlinearen Abbildung von M in M'.

Die Bedingung der Linearität im Urbildraum ist in den meisten Fällen nicht erforderlich, wenn nicht Probleme im Zusammenhang mit der Differenzierbarkeit untersucht werden. Dagegen ist die Bedingung der Linearität im Bildraum kaum entbehrlich, wenn man überhaupt von nicht-»linearen« Abbildungen sprechen will.

Verhältnismäßig neu ist das Interesse an topologischen, insbesondere an topologischen linearen Räumen von Abbildungen. Das Studium dieser Topologien ist aber gerade dann besonders wichtig, wenn man Aussagen über den Grenzwert einer Folge von Abbildungen gewinnen will. Insbesondere ist von Interesse, ob sich jede stetige präkompakte Abbildung durch Abbildungen mit endlichdimensionalem Bildraum approximieren läßt. Die Antwort auf diese Frage ist allein schon deshalb so schwierig, weil sie mit dem bislang noch ungelösten »Basisproblem« zusammenhängt.

Der lineare Raum der ausgearteten Abbildungen, das heißt der Abbildungen mit endlichdimensionalem Bildraum, läßt sich in verschiedener Weise topologisieren. Im Falle der linearen Abbildungen in einem Hilbertraum erhält man zum Beispiel den Raum der nuklearen, der Hilbert-Schmidtschen und den Raum der kompakten Abbildungen durch Vervollständigung des Raumes der ausgearteten Abbildungen bezüglich verschiedener Normen (der Normen v, σ, $\|\ \|$). Unter diesen Abbildungen haben die nuklearen mit der Theorie der nuklearen lokalkonvexen Räume eine hervorragende Bedeutung erlangt. So ist jede stetige lineare Abbildung von einem nuklearen lokalkonvexen Raum in einen Banachraum in einem erweiterten Sinne nuklear.

In dieser Arbeit wird der Begriff der nuklearen Abbildung erweitert auf nichtlineare Abbildungen von einem beliebigen topologischen Raum M in einen linearen normierten Raum Y. Der Raum $\mathcal{N}(M, Y)$ dieser nukleiden Abbildungen wird gewonnen als Vervollständigung des Raumes der ausgearteten Abbildungen bezüglich der Norm n (Kapitel 1).

In Kapitel 2 wird der Raum der ausgearteten Abbildungen bezüglich der Quasinorm λ_p vervollständigt. Hier zeigt sich, daß die Vervollständigung bezüglich der Quasinorm λ_1 einen linearen Teilraum von $\mathcal{N}(M, Y)$ ergibt.

In Kapitel 3 wird die Definition der nukleiden Abbildung aus Kapitel 1 ausgedehnt auf Abbildungen von M in einen lokalkonvexen Raum Y. Dabei stellt sich heraus, daß diese Definition sehr sinnvoll ist. Es wird bewiesen, daß jede stetige beschränkte Abbildung von M in einen nuklearen lokalkonvexen Raum Y nukleid ist.

Schließlich wird ein linearer Raum $\mathscr{P}(M, Y)$ von Potenzreihen in einem Banachraum untersucht. Zwei spezielle lineare Teilräume erhalten ihre Bedeutung im Zusammenhang mit dem Raum der nukleiden Abbildungen.

Am Beginn eines jeden Kapitels sind in einer kurzen Inhaltsangabe auch die erforderlichen historischen Bemerkungen enthalten.

Inhalt

1. Nukleide Abbildungen in einen normierten Raum 5
2. Abbildungen vom Typus ℓ^p 14
3. Nukleide Abbildungen in einen lokalkonvexen Raum 23
4. Lineare Räume von Potenzreihen in Banachräumen 28
   - 4.1 Der lineare Raum der homogenen Polynome 28
   - 4.2 Der lineare Raum der Potenzreihen 30
   - 4.3 Der lineare Raum $\mathscr{P}_\lambda(M, Y)$ 33
   - 4.4 Der lineare Raum $\mathscr{P}_\nu(M, Y)$ 35
   - 4.5 Der lineare Raum $\mathscr{P}_\sigma(M, Y)$ 40

Literaturverzeichnis 41

1. Nukleide Abbildungen in einen normierten Raum

1.0 SCHATTEN [16], GROTHENDIECK [4], RUSTON [14], PIETSCH [13] und andere untersuchten eine Klasse von stetigen linearen Abbildungen von einem Banachraum X in einen Banachraum Y, die als Operatoren der Spurklasse bzw. als nukleare Abbildungen bezeichnet werden.
In Anlehnung an diese Arbeiten soll hier eine Klasse von stetigen beschränkten Abbildungen von einem beliebigen topologischen Raum M in einen linearen normierten Raum Y untersucht werden. Die Menge $\mathcal{N}(M, Y)$ dieser im folgenden nukleid genannten Abbildungen bildet einen linearen Raum, in dem man eine Norm definieren kann. In 1.5 wird gezeigt, daß die Klasse der nukleiden Abbildungen die der nuklearen umfaßt. In 1.10 wird bewiesen, daß der Bildraum jeder nukleiden Abbildung nuklear ist im Sinne von DYNIN und MITIAGIN [2]. Schließlich gibt Satz 1.14 Auskunft über die Existenz von genügend vielen nukleiden Abbildungen.

1.1 Sind X und Y zwei beliebige normierte Räume, so heißt eine lineare Abbildung $L \in \mathcal{L}(X, Y)$ nuklear, wenn es stetige lineare Funktionale $l_i \in X'$ und Elemente $y_i \in Y$ mit

$$\sum_{i=1}^{\infty} \|l_i\| \cdot \|y_i\| < \infty$$

gibt, so daß L die Form

$$Lx = \sum_{i=1}^{\infty} l_i(x) y_i$$

für alle $x \in X$ hat. Für jede nukleare Abbildung L setzt man

$$\nu(L) = \inf \sum_{i=1}^{\infty} \|l_i\| \cdot \|y_i\|,$$

wobei das Infimum über alle möglichen Darstellungen von L gebildet werden soll, die die genannten Bedingungen erfüllen.
Die Gesamtheit aller nuklearen Abbildungen von X in Y bildet einen linearen normierten Raum mit der Norm ν, der vollständig ist, wenn Y ein Banachraum ist.
Insbesondere gilt für symmetrische positiv semidefinite nukleare Abbildungen L in einem Hilbertraum H, daß die Reihe

$$\sum_{i=1}^{\infty} (Lx_i, x_i)$$

für jedes vollständige Orthonormalsystem $\{x_i\}$ konvergiert und den Wert $\nu(L)$ hat (vgl. GELFAND und WILENKIN [3]).

1.2 Die Definition der nuklearen Abbildungen läßt sich in einfacher Weise für nichtlineare beschränkte Abbildungen von einem topologischen Raum M in einen normierten Raum Y verallgemeinern.
Es sei M ein beliebiger topologischer Raum, Y ein linearer normierter Raum. Eine stetige Abbildung T von M in Y heiße beschränkt, wenn gilt

$$s(T) = \sup_{x \in M} \|Tx\| < \infty.$$

Insbesondere sei für stetige beschränkte reell- (oder komplex-)wertige Funktionen f auf M

$$\|f\| = \sup_{x \in M} |f(x)|.$$

Definition:

Eine stetige beschränkte Abbildung T von M in Y heiße nukleid, wenn es stetige beschränkte Funktionen f_i auf M und Elemente $y_i \in Y$ gibt mit

$$\sum_{i=1}^{\infty} \|f_i\| \cdot \|y_i\| < \infty,$$

so daß für alle $x \in M$ gilt

$$Tx = \sum_{i=1}^{\infty} f_i(x)\, y_i.$$

Die Gesamtheit dieser nukleiden Abbildungen werde mit $\mathcal{N}(M, Y)$ bezeichnet. Für jede Abbildung $T \in \mathcal{N}(M, Y)$ sei

$$n(T) = \inf \sum_{i=1}^{\infty} \|f_i\| \cdot \|y_i\|,$$

wobei das Infimum über alle Darstellungen von T gebildet wird, die die oben genannten Bedingungen erfüllen.

1.3 Satz:

$\mathcal{N}(M, Y)$ ist ein linearer Raum. n und s sind Normen in $\mathcal{N}(M, Y)$.

Beweis:

Für zwei Abbildungen $T_1, T_2 \in \mathcal{N}(M, Y)$ werde die Summe $T_1 + T_2$ definiert durch

$$(T_1 + T_2)\, x = T_1 x + T_2 x$$

für $x \in M$. Hat man für T_1 und T_2 Darstellungen

$$T_1 x = \sum_{i=1}^{\infty} f_{1i}(x)\, y_{1i} \qquad (1)$$

$$T_2 x = \sum_{i=1}^{\infty} f_{2i}(x)\, y_{2i} \qquad (2)$$

mit

$$\sum_{i=1}^{\infty} \|f_{ki}\| \cdot \|y_{ki}\| < \infty \qquad k \in \{1, 2\},$$

so ist

$$\sum_{i=1}^{\infty} f_{1i}(x)\, y_{1i} + \sum_{i=1}^{\infty} f_{2i}(x)\, y_{2i}$$

eine Darstellung für $T_1 + T_2$. Da die Reihen (1), (2) absolut konvergieren, ist $T_1 + T_2 \in \mathcal{N}(M, Y)$.

Für eine Zahl α und für $T \in \mathcal{N}(M, Y)$ ist die Abbildung T definiert durch

$$(\alpha T)\, x = \alpha T x.$$

Ist
$$\sum_{i=1}^{\infty} f_i(x) y_i$$
eine Darstellung für T, so ist
$$\sum_{i=1}^{\infty} \alpha f_i(x) y_i$$
eine Darstellung für αT.

Daher ist $\mathcal{N}(M, Y)$ ein linearer Raum.

Ebenso einfach sind die Normeigenschaften nachzuweisen. Ist nämlich $n(T) = 0$ für $T \in \mathcal{N}(M, Y)$, so gibt es zu jedem $\delta > 0$ eine Darstellung
$$Tx = \sum_{i=1}^{\infty} f_i(x) y_i$$
für $x \in M$ mit
$$\sum_{i=1}^{\infty} \|f_i\| \cdot \|y_i\| < \delta.$$

Daher ist $\|f_i\| \cdot \|y_i\| < \delta$ für alle i, also ist $T = 0$. Seien zwei Abbildungen $T_1, T_2 \in \mathcal{N}(M, Y)$ gegeben. Für beliebiges $\delta > 0$ gibt es dann Darstellungen
$$T_k x = \sum_{i=1}^{\infty} f_{ki}(x) y_{ki}$$
für $x \in M$, $k \in \{1, 2\}$ mit
$$\sum_{i=1}^{\infty} \|f_{ki}\| \cdot \|y_{ki}\| < n(T_k) + \delta/2.$$

Daher gilt für die Summe
$$n(T_1 + T_2) \leq \sum_{i=1}^{\infty} \|f_{1i}\| \cdot \|y_{1i}\| + \sum_{i=1}^{\infty} \|f_{2i}\| \cdot \|y_{2i}\| < n(T_1) + n(T_2) + \delta.$$

Daraus erhält man für $\delta \to 0$ die Dreiecksungleichung. Schließlich sieht man sofort die Gültigkeit der Relation
$$n(\alpha T) = |\alpha| n(T)$$
für $T \in \mathcal{N}(M, Y)$ und Zahlen α.

Die Normeigenschaften von s sind bekannt.

1.4 Lemma:

Für $T \in \mathcal{N}(M, Y)$ gilt stets
$$s(T) \leq n(T).$$

Beweis:

Ist $T \in \mathcal{N}(M, Y)$, und hat man für ein beliebiges $\delta > 0$ eine Darstellung
$$Tx = \sum_{i=1}^{\infty} f_i(x) y_i$$

für $x \in M$ mit

$$\sum_{i=1}^{\infty} \|f_i\| \cdot \|y_i\| < n(T) + \delta,$$

dann gilt

$$s(T) = \sup_{x \in M} \|Tx\| = \sup_{x \in M} \|\sum_{i=1}^{\infty} f_i(x) y_i\| \leq \sum_{i=1}^{\infty} \|f_i\| \cdot \|y_i\| < n(T) + \delta,$$

woraus für $\delta \to 0$ die Behauptung folgt.

Insbesondere gilt für Abbildungen vom Rang* 1 mit

$$Tx = f(x)\, y$$

für $x \in M$ stets

$$s(T) = n(T) = \|f\| \cdot \|y\|.$$

(»cross-property«, vgl. SCHATTEN [16], S. 54.)

1.5 Es wird nun gezeigt, daß die nukleiden Abbildungen die nuklearen umfassen. Es gilt der

Satz:
Sind X und Y lineare normierte Räume, ist M die Einheitskugel in X, L die Einschränkung einer nuklearen Abbildung von X in Y auf M, so gilt

$$L \in \mathcal{N}(M, Y) \quad \text{und} \quad n(L) = \nu(L).$$

Beweis:
L läßt sich darstellen durch

$$Lx = \sum_{i=1}^{\infty} l_i(x)\, y_i$$

für $x \in M$ mit linearen Funktionalen auf X. Wegen

$$\|l_i\| = \sup_{x \in X} \frac{|l_i(x)|}{\|x\|} = \sup_{x \in M} |l_i(x)|$$

gilt die Behauptung.

1.6 Lemma:

Ist $\{T_k\}$ eine n-Cauchyfolge aus $\mathcal{N}(M, Y)$ und gibt es eine stetige beschränkte Abbildung T von M in Y mit

$$\lim T_k x = Tx$$

für alle $x \in M$, so ist $T \in \mathcal{N}(M, Y)$, und es gilt

$$n\text{-}\lim T_k = T.$$

---

* Der Rang einer stetigen beschränkten Abbildung T oder die Dimension des Bildraumes von T ist gleich der Dimension des kleinsten abgeschlossenen linearen Teilraumes von Y, der das Bild von T enthält.

Beweis:

Sei $\{i_k\}$ eine monotone Teilfolge der natürlichen Zahlen, so daß gilt

$$n(T_m - T_n) < 1/2^{k+2}$$

für $m, n \geq i_k$.

Dann lassen sich die nukleiden Abbildungen $T_{i_{k+1}} - T_{i_k}$ darstellen in der Form

$$(T_{i_{k+1}} - T_{i_k}) x = \sum_{i=1}^{\infty} f_i^{(k)}(x) y_i^{(k)}$$

für $x \in M$ mit

$$\sum_{i=1}^{\infty} \|f_i^{(k)}\| \cdot \|y_i^{(k)}\| < 1/2^{k+2}. \tag{3}$$

Man hat also für $m = 1, 2, \ldots$

$$(T_{i_{k+m}} - T_{i_k}) x = \sum_{j=k}^{k+m-1} \sum_{i=1}^{\infty} f_i^{(j)}(x) y_i^{(j)}$$

für $x \in M$, also für $m \to \infty$

$$(T - T_{i_k}) x = \sum_{j=k}^{\infty} \sum_{i=1}^{\infty} f_i^{(j)}(x) y_i^{(j)}.$$

Außerdem gilt wegen (3)

$$n(T - T_{i_k}) < \sum_{j=k}^{\infty} 1/2^{j+2} = 1/2^{k+1}.$$

Daher sind die Abbildungen $T - T_{i_k}$ und somit auch T nukleid. Schließlich ist wegen

$$n(T - T_i) \leq n(T - T_{i_k}) + n(T_{i_k} - T_i) < 1/2^k$$

für $i \geq i_k$ die Aussage

$$n\text{-lim } T_i = T$$

bewiesen.

1.7 Aus 1.4 und 1.6 erhält man die

Folgerung:

Ist Y vollständig, so ist $\mathcal{N}(M, Y)$ ein Banachraum.

Beweis:

Sei $\{T_k\}$ eine n-Cauchyfolge aus $\mathcal{N}(M, Y)$. Dann gilt wegen 1.4, daß $\{T_k\}$ eine s-Cauchyfolge ist. Für jedes $x \in M$ ist daher $\{T_k x\}$ eine Cauchyfolge, denn es gilt

$$\|T_{k_1} x - T_{k_2} x\| \leq s(T_{k_1} - T_{k_2}).$$

Die Abbildung T von M in Y werde definiert durch

$$Tx = \lim T_k x$$

für $x \in M$.

Diese Abbildung T ist beschränkt, denn es gilt für genügend große n, m

$$s(T_m - T_n) < \varepsilon.$$

Daher ist auch für $n \to \infty$

$$s(T) \leq s(T - T_m) + s(T_m) \leq s(T_m) + \varepsilon$$

beschränkt. Ferner ist T stetig als gleichmäßiger Grenzwert stetiger Abbildungen. Daher gilt wegen 1.6

$$T \in \mathcal{N}(M, Y).$$

1.8 Bezeichnet man mit $\mathscr{A}(M, Y)$ den linearen Raum der ausgearteten stetigen beschränkten Abbildungen von M in Y, das heißt der Abbildungen mit endlichdimensionalem Bildraum, so gilt der

Satz:
Der lineare Raum $\mathscr{A}(M, Y)$ liegt dicht in $\mathcal{N}(M, Y)$.

Beweis:
Jede ausgeartete stetige beschränkte Abbildung T läßt sich darstellen in der Form

$$Tx = \sum_{i=1}^{m} f_i(x) y_i$$

für $x \in M$ mit

$$\sum_{i=1}^{m} \|f_i\| \cdot \|y_i\| < \infty,$$

daher ist $\mathscr{A}(M, Y)$ ein linearer Teilraum von $\mathcal{N}(M, Y)$. Ist $T \in \mathcal{N}(M, Y)$ mit einer Darstellung

$$Tx = \sum_{i=1}^{\infty} f_i(x) y_i$$

für $x \in M$ gegeben, so läßt sich für jedes $\delta > 0$ ein n finden, so daß gilt

$$\sum_{i=n+1}^{\infty} \|f_i\| \cdot \|y_i\| < \delta.$$

Darum gilt für die ausgeartete Abbildung T_n mit

$$T_n x = \sum_{i=1}^{n} f_i(x) y_i \qquad (x \in M)$$

$$n(T - T_n) < \delta.$$

Daher ist nach 1.6

$$n\text{-}\lim T_n = T.$$

1.9 Ist Y ein normierter Raum, so ist jede beschränkte Menge in einem endlichdimensionalen Teilraum von Y präkompakt. Nennt man eine stetige Abbildung T von M in Y präkompakt, wenn ihr Bild $T(M)$ präkompakt ist, dann gilt der

Satz:
Jede nukleide Abbildung $T \in \mathcal{N}(M, Y)$ ist präkompakt.

Beweis:
Nach 1.8 läßt sich jede nukleide Abbildung T durch eine n-konvergente Folge ausgearteter stetiger beschränkter Abbildungen approximieren. Diese Abbildungen T_k sind präkompakt. Daher gibt es zu jedem $\varepsilon > 0$ für $T_k(M)$ ein endliches $\varepsilon/2$-Netz $\{y_i\}$, das heißt, es gibt zu jedem $x \in M$ ein y_i, so daß gilt

$$\|T_k x - y_i\| < \varepsilon/2.$$

Ist aber k so gewählt, daß gilt

$$n(T - T_k) < \varepsilon/2,$$

so gilt

$$\|Tx - y_i\| \leq \|Tx - T_k x\| + \|T_k x - y_i\| < \varepsilon,$$

das heißt $\{y_i\}$ ist ein endliches ε-Netz für $T(M)$. Daher ist $T(M)$ präkompakt.

Aus der Präkompaktheit der nukleiden Abbildungen folgt der

Satz:
Der Bildraum jeder nukleiden Abbildung ist separabel.

1.10 Der Bildraum einer nukleiden Abbildung läßt sich noch genauer charakterisieren. Nach DYNIN und MITIAGIN [2] heißt eine Menge K eines normierten Raumes Y nuklear, wenn es eine Folge $\{z_n\}$ in Y mit $\sum\limits_{n=1}^{\infty} \|z_n\| < \infty$ gibt, so daß K in der abgeschlossenen Hülle der konvexen Hülle der Folge $\{z_n\}$ liegt. Sei Y ein reeller linearer normierter Raum. Hat man für $T \in \mathcal{N}(M, Y)$ eine Darstellung

$$Tx = \sum_{i=1}^{\infty} f_i(x) y_i$$

mit

$$\sum_{i=1}^{\infty} \|f_i\| \cdot \|y_i\| < \infty$$

so gilt:

Die konvexe Hülle C_n von $z'_{2n-1} = -\|f_n\| y_n$ und $z'_{2n} = \|f_n\| y_n$ ist kreisförmig. Die konvexe Hülle C der kreisförmigen Mengen C_n ist (reell) absolutkonvex (vgl. KÖTHE [6]). $T(M)$ liegt in dem linearen Teilraum

$$L(\bar{C}) = \bigcup_{n=1}^{\infty} n\bar{C}$$

von Y. Da T beschränkt ist, gibt es ein $\varrho > 0$, so daß $T(M) \subset \varrho \bar{C}$. Wählt man als Folge $\{z_n\}$ die Elemente $z_n = \varrho \cdot z'_n$, so gilt der

Satz:
Der Bildraum jeder nukleiden Abbildung in einen reellen normierten Raum Y ist nuklear.

1.11 Ist Y_0 ein linearer Teilraum des linearen normierten Raumes Y, so läßt sich jede Abbildung T von dem topologischen Raum M in Y_0 auch als Abbildung von M in Y auffassen.

Wie GROTHENDIECK [4] schon für nukleare Abbildungen von einem linearen normierten Raum X in Y gezeigt hat, kann es vorkommen, daß T wohl zu $\mathcal{N}(M, Y)$, nicht aber zu $\mathcal{N}(M, Y_0)$ gehört. Es wird nun gezeigt, daß ebenso wie im linearen Fall dieser Sachverhalt nicht auftreten kann, wenn der lineare Teilraum Y_0 in Y dicht liegt. Dafür wird das folgende Lemma benötigt.

Lemma:

Ist Y_0 ein dichter linearer Teilraum des normierten Raumes Y, so gibt es zu jedem Element $y \in Y$ eine Folge von Elementen y_{0i} in Y_0 mit

$$y = \sum_{i=1}^{\infty} y_{0i},$$

so daß für eine beliebig vorgegebene Zahl $\delta > 0$ die Ungleichung

$$\sum_{i=1}^{\infty} \|y_{0i}\| \leq (1 + \delta) \|y\|$$

besteht.

Beweis:

PIETSCH [12], S. 49.

1.12 Natürlich ist jede nukleide Abbildung T von M in Y_0 auch nukleid als Abbildung von M in Y, demnach hat T sowohl eine Norm in $\mathcal{N}(M, Y_0)$ als auch in $\mathcal{N}(M, Y)$, die zur Unterscheidung mit $n^0(T)$ bzw. $n(T)$ bezeichnet werden. Dann ergibt sich der

Satz:

Ist Y_0 ein dichter linearer Teilraum des normierten Raumes Y, so folgt aus $T \in \mathcal{N}(M, Y)$ und $T(M) \subset Y_0$ stets $T \in \mathcal{N}(M, Y_0)$, und es gilt

$$n^0(T) = n(T).$$

Beweis:

Da T nukleid ist als Abbildung von M in Y, gibt es zu jeder Zahl $\delta > 0$ eine Darstellung

$$Tx = \sum_{i=1}^{\infty} f_i(x) y_i$$

für $x \in M$ mit

$$\sum_{i=1}^{\infty} \|f_i\| \cdot \|y_i\| < n(T) + \delta.$$

Auf Grund des vorangehenden Lemmas kann man zu jedem y_i Elemente $y_{0i}^{(k)}$ finden, so daß gilt

$$y_i = \sum_{k=1}^{\infty} y_{0i}^{(k)}$$

$$\sum_{k=1}^{\infty} \|y_{0i}^{(k)}\| \leq (1 + \delta) \|y_i\|.$$

Setzt man für $k = 1, 2, \ldots f_{ik} = f_i$, so erhält man die Beziehung

$$Tx = \sum_{i=1}^{\infty} \sum_{k=1}^{\infty} f_{ik}(x) y_{0i}^{(k)}$$

für $x \in M$. Außerdem gilt

$$n^0(T) \leq \sum_{i=1}^{\infty} \sum_{k=1}^{\infty} \|f_{ik}\| \cdot \|y_{0i}^{(k)}\| \leq (1+\delta)(n(T)+\delta).$$

Daher ist T auch als Abbildung von M in Y_0 nukleid. Für $\delta \to 0$ erhält man

$$n^0(T) \leq n(T).$$

Damit ist der Satz vollständig bewiesen, denn die Relation $n^0(T) \geq n(T)$ ergibt sich unmittelbar aus der Definition der Norm n.

1.13 In der Theorie der nichtlinearen, insbesondere der Hammersteinschen Integralgleichungen sind Produkte von einer linearen Abbildung L und einer nichtlinearen Abbildung T von Bedeutung (vgl. VAINBERG [18]).
Seien Y und Z lineare normierte Räume, L eine stetige lineare Abbildung von Y in Z, $T \in \mathcal{N}(M, Y)$, dann gilt der

Satz:
Die Abbildung LT ist nukleid als Abbildung von M in Z, und es gilt

$$n(LT) \leq \|L\| \, n(T).$$

Beweis:
Sei $T \in \mathcal{N}(M, Y)$, $L \in \mathcal{L}(Y, Z)$. Dann gibt es zu jedem $\delta > 0$ eine Darstellung

$$Tx = \sum_{i=1}^{\infty} f_i(x) y_i$$

für alle $x \in M$ mit

$$\sum_{i=1}^{\infty} \|f_i\| \cdot \|y_i\| < n(T) + \delta.$$

Die Abbildung LT läßt sich darstellen in der Form

$$LTx = \sum_{i=1}^{\infty} f_i(x) L y_i$$

für $x \in M$, und es gilt

$$\sum_{i=1}^{\infty} \|f_i\| \cdot \|L y_i\| \leq \sum_{i=1}^{\infty} \|f_i\| \cdot \|L\| \cdot \|y_i\| \leq \|L\| (n(T) + \delta).$$

Daher gilt für $\delta \to 0$

$$n(LT) \leq \|L\| n(T)$$

und

$$LT \in \mathcal{N}(M, Z).$$

1.14 Die Frage nach der Existenz von nukleiden Abbildungen von einem normierten Raum X in einen normierten Raum Y wurde schon in 1.5 beantwortet. Aufschluß über die Existenz von nukleiden Abbildungen von einem beliebigen topologischen Raum M in einen normierten Raum Y gibt aber erst der folgende

Satz:
Sei T eine stetige beschränkte Abbildung von M in den linearen normierten Raum Z, L eine nukleare Abbildung von Z in Y, dann gilt:

Das Produkt LT ist eine nukleide Abbildung, für die die Ungleichung besteht:
$$n(LT) \leq \nu(L)\, s(T).$$

Beweis:

Da L nuklear ist, gibt es zu jedem $\delta > 0$ eine Darstellung
$$Lz = \sum_{i=1}^{\infty} l_i(z)\, y_i$$
für alle $z \in Z$ mit
$$\sum_{i=1}^{\infty} \|l_i\| \cdot \|y_i\| < \nu(L) + \delta.$$

Für die nichtlineare stetige beschränkte Abbildung LT gilt dann für alle $x \in M$
$$LTx = \sum_{i=1}^{\infty} l_i(Tx)\, y_i.$$

Setzt man $f_i(x) = l_i(Tx)$, so ist
$$\|f_i\| = \sup_{x \in M} |f_i(x)| = \sup_{x \in M} |l_i(Tx)| \leq \sup_{Tx \neq 0} \frac{|l_i(Tx)|}{\|Tx\|} \cdot \sup_{x \in M} \|Tx\| \leq \|l_i\|\, s(T).$$

Daher ist
$$\sum_{i=1}^{\infty} \|f_i\| \cdot \|y_i\| \leq s(T) \sum_{i=1}^{\infty} \|l_i\| \cdot \|y_i\| \leq s(T)\,(\nu(L) + \delta)$$

beschränkt. LT ist also eine Abbildung aus $\mathcal{N}(M, Y)$, und es gilt die Abschätzung
$$n(LT) \leq \nu(L)\, s(T).$$

2. Abbildungen vom Typus ℓ^p

2.0 Für einen topologischen Raum M und einen linearen normierten Raum Y werden für jede stetige beschränkte Abbildung T von M in Y Approximationszahlen $a_r(T)$, $r = 0, 1, 2, \ldots$ definiert, die ein Maß für die Güte der Approximation von T durch ausgeartete Abbildungen mit höchstens r-dimensionalem Bildraum sind.

Eine Abbildung heißt vom Typus ℓ^p, wenn gilt
$$\sum_{r=0}^{\infty} a_r(T)^p < \infty.$$

Alle derartigen Abbildungen bilden einen linearen Raum. Als Hauptergebnis erhält man die Aussage, daß jede Abbildung vom Typus ℓ^1 nukleid ist.

Approximationszahlen von linearen Abbildungen wurden erstmalig von PIETSCH [11] definiert.

2.1 Für einen topologischen Raum M und einen linearen normierten Raum Y sei $\mathscr{A}_r(M, Y)$ die Menge aller stetigen beschränkten Abbildungen T von M in Y mit höchstens r-dimensionalem Bildraum. Ist T eine stetige beschränkte Abbildung von M in Y, so werde durch

$$a_r(T) = \inf \{s(T-T_r), T_r \in \mathscr{A}_r(M,Y)\}$$

die r-te Approximationszahl a_r von T definiert. Offenbar gilt stets

$$s(T) \geq a_0(T) \geq a_1(T) \geq \ldots \geq 0.$$

Für zwei lineare normierte Räume Y und Z definierte PIETSCH [11] Approximationszahlen $\alpha_r(L)$ für stetige lineare Abbildungen L von Y in Z durch

$$\alpha_r(L) = \inf \{\|L-L_r\|, L_r \in \mathscr{L}_r(Y,Z)\},$$

wobei $\mathscr{L}_r(Y,Z)$ die Gesamtheit der ausgearteten stetigen linearen Abbildungen von Y in Z mit höchstens r-dimensionalem Bildraum ist. Es gilt

$$\|L\| = \alpha_0(L) \geq \alpha_1(L) \geq \ldots \geq 0.$$

2.2 Im folgenden werden einige elementare Eigenschaften der Approximationszahlen zusammengestellt.

Satz 1:
Für zwei stetige beschränkte Abbildungen T_1, T_2 von M in Y gilt stets

$$a_{r+s}(T_1+T_2) \leq a_r(T_1) + a_s(T_2).$$

Beweis:
Ist δ eine beliebige positive Zahl, so bestimmt man Abbildungen $A_1 \in \mathscr{A}_r(M,Y)$, $A_2 \in \mathscr{A}_s(M,Y)$ mit

$$s(T_1-A_1) \leq a_r(T_1) + \delta$$
$$s(T_2-A_2) \leq a_s(T_2) + \delta.$$

Dann besteht wegen $A_1 + A_2 \in \mathscr{A}_{r+s}(M,Y)$ die Ungleichung

$$a_{r+s}(T_1+T_2) \leq s(T_1-A_1) + s(T_2-A_2) \leq a_r(T_1) + a_s(T_2) + 2\delta,$$

aus der für $\delta \to 0$ die Behauptung folgt.

Satz 2:
Sind T_1, T_2 zwei stetige beschränkte Abbildungen von M in Y, so gilt

$$|a_r(T_1) - a_r(T_2)| \leq s(T_1-T_2).$$

Beweis:
Aus Satz 1 erhält man

$$a_r(T_1) \leq a_r(T_2) + a_0(T_1-T_2) \leq a_r(T_2) + s(T_1-T_2)$$

oder

$$a_r(T_1) - a_r(T_2) \leq s(T_1-T_2).$$

Vertauscht man T_1 mit T_2, so erhält man die behauptete Ungleichung.

Unmittelbar klar ist

Satz 3:
Für jede stetige beschränkte Abbildung T und jede Zahl α gilt

$$a_r(\alpha T) = |\alpha| a_r(T).$$

Satz 4:

Für jede beschränkte stetige Abbildung T folgt aus $a_r(T) = 0$ stets $T \in \mathscr{A}_r(M, Y)$.

Beweis:

Sei dim $T(M) > r$. Dann gibt es $r + 1$ linear unabhängige Elemente $y_i = Tx_i$, zu denen $r + 1$ lineare Funktionale l_i bestimmt werden können, so daß gilt $l_i(y_k) = \delta_{ik}$. Wegen det $\{\delta_{ik}\} = 1$ gibt es eine positive Zahl σ, so daß für alle Matrizen $\{\alpha_{ik}\}$ mit $|\alpha_{ik} - \delta_{ik}| \leq \sigma$ folgt det $\{\alpha_{ik}\} \neq 0$.

Nach Voraussetzung gilt

$$\inf \{s(T - T_r), T_r \in \mathscr{A}_r(M, Y)\} = 0.$$

Es gibt daher zu der positiven Zahl ϱ mit

$$\varrho \cdot \max_i \|l_i\| = \sigma$$

eine Abbildung T_r mit $s(T - T_r) \leq \varrho$.

Wegen

$$|\delta_{ik} - l_i(T_r x_k)| = |l_i(T x_k) - l_i(T_r x_k)| \leq \|l_i\| \, s(T - T_r) \leq \sigma$$

gilt dann die Aussage det $\{l_i(T_r x_k)\} \neq 0$.

Da aber der Bildraum von T_r höchstens r-dimensional ist, sind die $r + 1$ Elemente $T_r x_k$ linear abhängig. Es ist also det $\{l_i(T_r x_k)\} = 0$, was der Annahme dim $T(M) > r$ widerspricht.

Sind Y und Z lineare normierte Räume, ist M ein topologischer Raum, so gilt

Satz 5:

Ist L eine lineare stetige Abbildung von Y in Z, T eine stetige beschränkte Abbildung von M in Y, so gilt

$$a_{r+s}(LT) \leq \alpha_r(L) \, a_s(T).$$

Beweis:

Sei $\delta > 0$ vorgegeben. Sei $T_s \in \mathscr{A}_s(M, Y)$, $L_r \in \mathscr{L}_r(Y, Z)$ mit

$$s(T - T_s) \leq a_s(T) + \delta$$
$$\|L - L_r\| \leq \alpha_r(L) + \delta.$$

Die stetige beschränkte Abbildung $L_r(T - T_s) + LT_s$ gehört zu $\mathscr{A}_{r+s}(M, Z)$, und es gilt

$$a_{r+s}(LT) \leq s(LT - L_r(T - T_s) - LT_s) \leq \|L - L_r\| \, s(T - T_s)$$
$$\leq (\alpha_r(L) + \delta)(a_s(T) + \delta).$$

Für $\delta \to 0$ ergibt sich die Behauptung des Satzes.

2.3 Ist Y_0 ein linearer Teilraum des normierten Raumes Y, so läßt sich jede stetige beschränkte Abbildung T von M in Y_0 auch als Abbildung von M in Y auffassen. T hat also Approximationszahlen $a_r(T)$ als Abbildung in Y als auch Approximationszahlen $a_r^0(T)$ als Abbildung in Y_0. Man überzeugt sich sofort, daß gilt

$$a_r(T) \leq a_r^0(T). \tag{4}$$

Satz:

Ist Y_0 ein dichter linearer Teilraum von Y, so gelten für jede stetige beschränkte Abbildung von M in Y_0 die Identitäten

$$a_r(T) = a_r^0(T).$$

Beweis:

Ist δ eine beliebige positive Zahl, so gibt es eine Abbildung $S_r \in \mathscr{A}_r(M, Y)$ mit

$$s(T - S_r) \leq a_r(T) + \delta.$$

Die Abbildung S_r läßt sich mit stetigen beschränkten Funktionen f_i auf M und Elementen $y_i \in Y$ in der Form

$$S_r x = \sum_{i=1}^{r} f_i(x) y_i$$

für $x \in M$ darstellen. Nun bestimmt man Elemente $y_i^0 \in Y_0$ mit

$$\sum_{i=1}^{r} \|f_i\| \cdot \|y_i - y_i^0\| < \delta.$$

Sei T_r definiert durch

$$T_r x = \sum_{i=1}^{r} f_i(x) y_i^0$$

für $x \in M$. Dann gilt

$$s(T_r - S_r) = \sup_{x \in M} \|\sum_{i=1}^{r} f_i(x)(y_i - y_i^0)\| \leq \sum_{i=1}^{r} \|f_i\| \cdot \|y_i - y_i^0\| < \delta.$$

Folglich gilt die Abschätzung

$$a_r^0(T) \leq s(T - T_r) \leq s(T - S_r) + s(T_r - S_r) \leq a_r(T) + \delta,$$

aus der sich für $\delta \to 0$ die Ungleichung

$$a_r^0(T) \leq a_r(T)$$

ergibt. Damit ist wegen (4) die Behauptung bewiesen.

2.4 PIETSCH [11] betrachtete für zwei lineare normierte Räume X, Y und für eine positive Zahl p die Gesamtheit $\Lambda_p(X, Y)$ aller stetigen linearen Abbildungen L von X in Y, für die gilt

$$\varrho_p(L) = (\sum_{r=0}^{\infty} \alpha_r(L)^p)^{1/p} < \infty$$

und wies nach, daß $\Lambda_p(X, Y)$ ein topologischer linearer Raum ist, der vollständig ist in der durch die Quasinorm ϱ_p erzeugten Topologie, wenn Y ein Banachraum ist. Er zeigte, daß jede Abbildung $L \in \Lambda_1(X, Y)$ nuklear ist.

2.5 Definition:

Es sei M ein topologischer, Y ein linearer normierter Raum, p eine beliebige positive Zahl. Mit $\mathscr{l}^p(M,Y)$ werde die Gesamtheit aller stetigen beschränkten Abbildungen T von M in Y bezeichnet, für die gilt

$$\sum_{r=0}^{\infty} a_r(T)^p < \infty.$$

Diese Abbildungen sollen Abbildungen vom Typus ℓ^p genannt werden.

2.6 Satz:

$\ell^p(M, Y)$ ist ein linearer Raum.

Beweis:

Da für zwei positive Zahlen a, b stets die Ungleichung

$$(a + b)^p \leq \tau_p(a^p + b^p) \quad \text{mit} \quad \tau_p = \max(1, 2^{p-1})$$

besteht, ergibt sich unter Benutzung von Satz 1 aus 2.2 für zwei Abbildungen $T_1, T_2 \in \ell^p(M, Y)$ die Abschätzung

$$\sum_{r=0}^{\infty} a_r(T_1 + T_2)^p \leq 2 \sum_{r=0}^{\infty} a_{2r}(T_1 + T_2)^p \leq 2 \sum_{r=0}^{\infty} (a_r(T_1) + a_r(T_2))^p$$

$$\leq 2\tau_p \left(\sum_{r=0}^{\infty} a_r(T_1)^p + \sum_{r=0}^{\infty} a_r(T_2)^p \right).$$

Daher ist auch $T_1 + T_2$ vom Typus ℓ^p.

Außerdem gehört wegen

$$\sum_{r=0}^{\infty} a_r(\alpha T)^p = |\alpha|^p \sum_{r=0}^{\infty} a_r(T)^p$$

für jede Zahl α mit T auch αT zu $\ell^p(M, Y)$.

2.7 Durch den Ansatz

$$\lambda_p(T) = \left(\sum_{r=0}^{\infty} a_r(T)^p \right)^{1/p}$$

wird auf $\ell^p(M, Y)$ eine reelle Funktion λ_p definiert mit den Eigenschaften:

(Q$_1$) Es gilt stets $\lambda_p(T) \geq 0$.
(Q$_2$) Aus $\lambda_p(T) = 0$ folgt $T = 0$.
(Q$_3$) Für alle Zahlen α hat man $\lambda_p(\alpha T) = |\alpha| \lambda_p(T)$.
(Q$_4$) Mit einer Zahl $\sigma_p \geq 1$ besteht die Ungleichung

$$\lambda_p(T_1 + T_2) \leq \sigma_p(\lambda_p(T_1) + \lambda_p(T_2))$$

für $T_1, T_2 \in \ell^p(M, Y)$.

Da die Eigenschaften (Q$_1$), (Q$_2$), (Q$_3$) unmittelbar klar sind, soll nur die Ungleichung aus (Q$_4$) bewiesen werden. Aus Satz 1 in 2.2 folgt

$$\lambda_p(T_1 + T_2)^p \leq 2\tau_p(\lambda_p(T_1)^p + \lambda_p(T_2)^p).$$

Folglich gilt

$$\lambda_p(T_1 + T_2) \leq (2\tau_p)^{1/p} (\lambda_p(T_1)^p + \lambda_p(T_2)^p)^{1/p}$$

$$\leq (2\tau_p)^{1/p} \tau_{1/p}(\lambda_p(T_1) + \lambda_p(T_2)),$$

und man kann für σ_p die Zahl wählen:

$$\sigma_p = (2\tau_p)^{1/p} \tau_{1/p} = \begin{cases} 2 & p \geq 1 \\ 2^{2/p-1} & p \leq 1. \end{cases}$$

Auf Grund der angegebenen Eigenschaften wird λ_p als Quasinorm (vgl. KÖTHE [6], S. 162) bezeichnet. Man erhält auf $\ell^p(M, Y)$ eine metrische Topologie, wenn man die Mengen

$$U_\varepsilon(T_0) = \{T \in \ell^p(M, Y), \lambda_p(T - T_0) < \varepsilon\}$$

als Umgebungsbasis benutzt.

2.8 Lemma:

Ist $\{T_k\}$ eine λ_p-Cauchyfolge aus $\ell^p(M, Y)$, und gibt es eine stetige beschränkte Abbildung T von M in Y mit $\lim T_k x = Tx$ für alle $x \in M$, so gehört auch T zu $\ell^p(M, Y)$, und es gilt

$$\lambda_p\text{-}\lim T_k = T.$$

Beweis:

Da für alle $S \in \ell^p(M, Y)$ die Ungleichung $\lambda_p(S) \geq s(S)$ besteht, ist $\{T_k\}$ eine s-Cauchyfolge, die wegen $\lim T_k x = Tx$ für $x \in M$ gegen T konvergiert.

Wegen Satz 2 aus 2.2 gilt die Abschätzung

$$|a_r(T - T_i) - a_r(T_i - T_j)| \leq s(T - T_j),$$

daher hat man

$$\lim_{i \to \infty} a_r(T_i - T_j) = a_r(T - T_j).$$

Nun bestimmt man zu einer beliebigen positiven Zahl δ ein k_0 mit

$$\lambda_p(T_i - T_j) = \left(\sum_{r=0}^{\infty} a_r(T_i - T_j)^p\right)^{1/p} < \delta$$

für $i, j \geq k_0$. Dann erhält man für $i \to \infty$ die Aussage

$$\lambda_p(T - T_j) \leq \delta$$

für $j \geq k_0$.

Daher gehört $T - T_j$ und somit auch T zu $\ell^p(M, Y)$, und die Cauchyfolge konvergiert in $\ell^p(M, Y)$ gegen T.

2.9 Als Folgerung aus dem Lemma ergibt sich der

Satz:
Ist Y ein Banachraum, so ist $\ell^p(M, Y)$ vollständig.

Beweis:

Sei $\{T_k\}$ eine λ_p-Cauchyfolge in $\ell^p(M, Y)$. Dann gibt es zu jedem $\varepsilon > 0$ eine Zahl k_0, so daß für alle $i, j \geq k_0$

$$\lambda_p(T_i - T_j) < \varepsilon$$

gilt. Dann gilt aber wegen $s(T_i - T_j) \leq \lambda_p(T_i - T_j)$ für alle $x \in M$

$$\|T_i x - T_j x\| < \varepsilon,$$

das heißt, $\{T_k x\}$ ist für alle $x \in M$ eine Cauchyfolge. Definiert man $Tx = \lim T_k x$ für alle $x \in M$, so ist T als gleichmäßiger Grenzwert stetiger beschränkter Abbildungen ebenfalls stetig und beschränkt. Aus Lemma 2.8 folgt dann, daß T zu $\ell^p(M, Y)$ gehört. Somit ist $\ell^p(M, Y)$ vollständig.

2.10 Satz:

Der lineare Raum $\mathscr{A}(M, Y)$ der ausgearteten Abbildungen T von M in Y liegt dicht in $\ell^p(M, Y)$.

Beweis:

Offenbar gehört jede stetige beschränkte ausgeartete Abbildung T zu $\ell^p(M, Y)$, denn die Folge der Approximationszahlen $a_r(T)$ enthält nach Satz 4 aus 2.2 nur endlich viele von Null verschiedene Zahlen.
Hat man andererseits eine Abbildung $T \in \ell^p(M, Y)$, so gibt es zu jeder positiven Zahl δ eine natürliche Zahl s mit

$$\sum_{r=s+1}^{\infty} a_r(T)^p < \frac{\delta^p}{3}.$$

Weil die Folge der Approximationszahlen monoton fällt, gilt

$$s a_{2s}(T)^p \leq \sum_{r=s+1}^{2s} a_r(T)^p < \frac{\delta^p}{3}.$$

Nun wird eine Abbildung $T_s \in \mathscr{A}_{2s}(M, Y)$ bestimmt mit

$$s \cdot s(T - T_s)^p < \frac{\delta^p}{3}.$$

Dann hat man

$$a_r(T - T_s) = a_r(T)$$

für $r \geq 2s$, und man erhält die Ungleichung

$$\lambda_p(T - T_s)^p = \sum_{r=0}^{2s-1} a_r(T - T_s)^p + \sum_{r=2s}^{\infty} a_r(T - T_s)^p$$

$$\leq 2s \cdot s(T - T_s)^p + \sum_{r=2s}^{\infty} a_r(T)^p < \delta^p.$$

Damit ist die Behauptung bewiesen, denn es ist zu jeder positiven Zahl δ eine Abbildung $T_s \in \mathscr{A}(M, Y)$ bestimmt mit $\lambda_p(T - T_s) < \delta$.

2.11 Satz:

Jede Abbildung vom Typus ℓ^p ist präkompakt.

Beweis:

Nach 2.10 gibt es zu jeder Abbildung $T \in \ell^p(M, Y)$ eine Folge von Abbildungen $T_k \in \mathscr{A}(M, Y)$ mit

$$\lim \lambda_p(T - T_k) = 0.$$

Da aber für alle Abbildungen $S \in \ell^p(M, Y)$ gilt $s(S) \leq \lambda_p(S)$, hat man auch $\lim s(T - T_k) = 0$. Zu einem vorgegebenen $\varepsilon > 0$ wählt man ein k_0 so, daß für $k \geq k_0$ gilt $s(T - T_k) < \varepsilon/2$. Man konstruiert zu der präkompakten Menge $T_k(M)$

ein endliches $\varepsilon/2$-Netz $\{y_i\}$. Dann gibt es zu jedem $x \in M$ ein y_i aus dem $\varepsilon/2$-Netz, so daß gilt
$$\|Tx - y_i\| \leq \|Tx - T_k x\| + \|T_k x - y_i\| < s(T - T_k) + \varepsilon/2 < \varepsilon$$

das heißt $\{y_i\}$ ist ein endliches ε-Netz für $T(M)$. Daher ist T präkompakt.

2.12 Ist M ein topologischer Raum und sind Y und Z lineare normierte Räume, so gilt der

Satz:
Aus $L \in \Lambda_q(Y, Z)$, $T \in \ell^p(M, Y)$ folgt $LT \in \ell^s(M, Z)$ mit
$$1/s = 1/p + 1/q.$$

Beweis:
Aus der Hölderschen Ungleichung und aus Satz 5 aus 2.2 folgt
$$\lambda_s(LT) = (\sum_{r=0}^{\infty} a_r(LT)^s)^{1/s} \leq (2 \sum_{r=0}^{\infty} a_{2r}(LT)^s)^{1/s} \leq (2 \sum_{r=0}^{\infty} \alpha_r(L)^s a_r(T)^s)^{1/s}$$
$$\leq 2^{1/s} (\sum_{r=0}^{\infty} \alpha_r(L)^q)^{1/q} (\sum_{r=0}^{\infty} a_r(T)^p)^{1/p} \leq 2^{1/s} \varrho_q(L) \lambda_p(T).$$

Demnach gehört das Produkt LT zu $\ell^s(M, Y)$.

2.13 Außerdem erhält man noch den

Satz:
(i) Aus $T \in \ell^p(M, Y)$ und $L \in \mathscr{L}(Y, Z)$ folgt $LT \in \ell^p(M, Z)$ und $\lambda_p(LT) \leq \|L\| \lambda_p(T)$.
(ii) Aus $L \in \Lambda_p(Y, Z)$ und für jede stetige beschränkte Abbildung T von M in Y folgt $LT \in \ell^p(M, Z)$ und $\lambda_p(LT) \leq s(T) \varrho_p(L)$.

Beweis:
Aus Satz 5 aus 2.2 folgt
(i) $a_r(LT) \leq \|L\| a_r(T)$, also $\lambda_p(LT) \leq \|L\| \lambda_p(T)$.
(ii) $a_r(LT) \leq s(T) \alpha_r(L)$, also $\lambda_p(LT) \leq s(T) \varrho_p(L)$.

2.14 Wie in 1.5 läßt sich auch hier nachweisen, daß jede lineare Abbildung vom Typus Λ_p eine Abbildung vom Typus ℓ^p ist. Sind nämlich X und Y lineare normierte Räume, ist M die Einheitskugel in X und ist L die Einschränkung einer linearen Abbildung von X in Y auf M, so folgt aus
$$\|L\| = \sup_{x \in M} \|Lx\| = s(L)$$
$$a_r(L) = \inf \{s(L - T_r), T_r \in \mathscr{A}_r(M, Y)\}$$
$$\leq \inf \{\|L - L_r\|, L_r \in \mathscr{L}_r(X, Y)\} = \alpha_r(L).$$

Daher gilt $\lambda_p(L) \leq \varrho_p(L)$.

Also gilt der

Satz:
Ist M die Einheitskugel im linearen normierten Raum X, so ist $\Lambda_p(M, Y)$ ein linearer Teilraum von $\ell^p(M, Y)$, und es gilt für $L \in \Lambda_p(M, Y)$
$$\lambda_p(L) \leq \varrho_p(L).$$

2.15 Für die weiteren Betrachtungen wird das folgende Lemma von AUERBACH benötigt.

Lemma:

Zu jedem r-dimensionalen Teilraum Y_0 eines linearen normierten Raumes Y gibt es Elemente $y_1, \ldots, y_r \in Y_0$ und lineare Funktionale $l_1, \ldots, l_r \in Y'$ mit $\|y_i\| = 1$, $\|l_i\| \leq 1$ und $l_i(y_k) = \delta_{ik}$. Dabei gilt für alle $y \in Y_0$

$$y = \sum_{i=1}^{r} l_i(y) y_i.$$

Beweis:

PIETSCH [12], S. 120.

Lemma:

Jede Abbildung $T \in \mathscr{A}(M, Y)$ mit $\dim T(M) = r$ kann mit Funktionen f_i auf M und Elementen $y_i \in Y, \|y_i\| = 1$ in der Form

$$Tx = \sum_{i=1}^{r} f_i(x) y_i$$

dargestellt werden, so daß für die Funktionen f_i gilt

$$\|f_i\| \leq s(T).$$

Beweis:

Nach dem Lemma von AUERBACH gilt

$$Tx = \sum_{i=1}^{r} l_i(Tx) y_i$$

mit

$$\|f_i\| = \sup_{x \in M} |l_i(Tx)| \leq \|l_i\| \sup_{x \in M} \|Tx\| \leq s(T).$$

2.16 Nach diesen Vorbereitungen läßt sich der wichtige Satz beweisen:

Satz:

Jede Abbildung $T \in \ell^p(M, Y)$ mit $0 < p \leq 1$ kann mit beschränkten Funktionen f_i und Elementen $y_i \in Y, \|y_i\| = 1$ in der Form

$$Tx = \sum_{i=1}^{\infty} f_i(x) y_i$$

dargestellt werden, so daß die Ungleichung

$$\left(\sum_{i=1}^{\infty} \|f_i\|^p\right)^{1/p} \leq 2^{2+3/p} \lambda_p(T)$$

besteht.

Beweis:

Für $n = 1, 2, \ldots$ werden Abbildungen $T_n \in \mathscr{A}_{2^n-2}(M, Y)$ bestimmt mit

$$s(T - T_n) \leq 2 \, a_{2^n-2}(T).$$

Es sei

$$S_n = T_{n+1} - T_n.$$

Dann gelten die Aussagen
$$d_n = \dim S_n(M) \leq 2^{n+2}$$
und
$$s(S_n) \leq s(T - T_n) + s(T - T_{n+1}) \leq 2\, a_{2^n-2}(T) + 2\, a_{2^{n+1}-2}(T)$$
$$\leq 4\, a_{2^n-2}(T).$$

Folglich hat man
$$d_n s(S_n)^p \leq 2^{2p+n+2} a_{2^n-2}(T)^p.$$

Weil die Folge $a_r(T)$ monoton fällt, besteht die Ungleichung
$$\sum_{n=1}^{\infty} 2^{n-1} a_{2^n-2}(T)^p \leq \sum_{n=1}^{\infty} \sum_{r=2^{n-1}-1}^{2^n-2} a_r(T)^p = \lambda_p(T)^p.$$

Deshalb gilt die Abschätzung
$$\sum_{n=1}^{\infty} d_n s(S_n)^p \leq 2^{2p+3} \lambda_p(T)^p.$$

Nach dem Lemma aus 2.15 kann man S_n in der Form
$$S_n x = \sum_{i=1}^{d_n} f_i^{(n)}(x) y_i^{(n)}$$
für alle $x \in M$ annehmen. Dabei gilt $\|f_i^{(n)}\| \leq s(S_n)$, $\|y_i^{(n)}\| = 1$. Folglich hat man
$$\sum_{n=1}^{\infty} \sum_{i=1}^{d_n} \|f_i^{(n)}\|^p \leq \sum_{n=1}^{\infty} d_n s(S_n)^p \leq 2^{2p+3} \lambda_p(T)^p.$$

Damit ist die Behauptung bewiesen, denn für alle $x \in M$ gilt die Identität
$$Tx = \lim T_{n+1} x = \sum_{n=1}^{\infty} \sum_{i=1}^{d_n} f_i^{(n)}(x) y_i^{(n)}.$$

2.17 Aus 2.16 folgt schließlich der

Satz:

Jede Abbildung $T \in \ell^1(M, Y)$ ist nukleid, und es gilt
$$n(T) \leq 2^5 \lambda_1(T).$$

3. Nukleide Abbildungen in einen lokalkonvexen Raum

3.0 Die Ergebnisse des ersten Kapitels lassen sich auf stetige beschränkte Abbildungen in einen lokalkonvexen Raum übertragen. Dabei zeigt sich, daß der Begriff der nukleiden Abbildung von fundamentaler Bedeutung ist in der Theorie der nuklearen lokalkonvexen Räume und von dorther seine Berechtigung erhält. Es wird bewiesen, daß jede stetige beschränkte Abbildung in einen nuklearen lokalkonvexen Raum nukleid ist (Satz 3.8).

3.1 Definition:

Sei M ein beliebiger topologischer Raum, Y ein lokalkonvexer Raum. Eine stetige beschränkte Abbildung T von M in Y heiße nukleid, wenn es eine Folge stetiger beschränkter Funktionen f_i auf M und eine Folge $\{y_i\} \subset Y$ gibt mit

$$\sum_{i=1}^{\infty} \|f_i\| \, p_\alpha(y_i) < \infty,$$

wo p_α das topologisierende System der Halbnormen von Y durchläuft, so daß für alle $x \in M$ gilt

$$Tx = \sum_{i=1}^{\infty} f_i(x) y_i.$$

Sei

$$n_\alpha(T) = \inf \sum_{i=1}^{\infty} \|f_i\| \, p_\alpha(y_i),$$

wobei das Infimum über alle Folgen $\{f_i\}$, $\{y_i\}$ gebildet wird, die die genannten Bedingungen erfüllen. Die Gesamtheit dieser Abbildungen werde mit $\mathcal{N}(M, Y)$ bezeichnet.

3.2 Satz:

$\mathcal{N}(M, Y)$ ist ein lokalkonvexer Raum, dessen Topologie durch das System der Halbnormen $\{n_\alpha\}$ gegeben wird.

Beweis:
Die Halbnormeigenschaften von n_α beweist man ebenso wie in 1.3. Es bleibt zu zeigen, daß die durch $\{n_\alpha\}$ gegebene Topologie separiert ist. Dazu genügt der Nachweis, daß aus $T \in \mathcal{N}(M, Y)$ und $n_\alpha(T) = 0$ für alle α folgt: $T = 0$.
Sei also $n_\alpha(T) = 0$ für alle α. Dann gibt es zu jeder positiven Zahl δ eine Darstellung

$$Tx = \sum_{i=1}^{\infty} f_i(x) y_i$$

für $x \in M$ mit

$$\sum_{i=1}^{\infty} \|f_i\| \, p_\alpha(y_i) < \delta$$

für alle α. Daher ist auch $\|f_i\| \, p_\alpha(y_i) < \delta$. Da die Topologie von Y separiert ist, folgt daraus $\|f_i\| y_i = 0$. Also ist $T = 0$.

3.3 Da jeder lokalkonvexe Raum Y topologisch isomorph einem dichten linearen Teilraum eines (topologischen) projektiven Limes von Banachräumen ist (vgl. KÖTHE [6], S. 234), ist der folgende Satz für das Studium des lokalkonvexen Raumes $\mathcal{N}(M, Y)$ wichtig:

Satz:

Ist Y topologisch isomorph einem dichten linearen Teilraum des projektiven Limes der Banachräume Y_α, so ist $\mathcal{N}(M, Y)$ topologisch isomorph einem dichten linearen Teilraum des projektiven Limes der Banachräume $\mathcal{N}(M, Y_\alpha)$.

Beweis:
Es ist zu zeigen, daß für $\alpha < \beta$ stetige lineare Abbildungen $\mathcal{A}_{\alpha\beta}$ von $\mathcal{N}(M, Y_\beta)$ in $\mathcal{N}(M, Y_\alpha)$ existieren mit

$$T_\alpha = \mathcal{A}_{\alpha\beta} T_\beta,$$

für die gilt
$$\mathscr{A}_{\alpha\beta}\mathscr{A}_{\beta\gamma} = \mathscr{A}_{\alpha\gamma}$$
für $\alpha < \beta < \gamma$.

Da Y enthalten ist im projektiven Limes der Banachräume Y_α, gibt es stetige, lineare Abbildungen $A_{\alpha\beta}$ von Y_β in Y_α mit $A_{\alpha\beta} A_{\beta\gamma} = A_{\alpha\gamma}$ für $\alpha < \beta < \gamma$.
Diese Abbildungen induzieren auf kanonische Weise Abbildungen $\mathscr{A}_{\alpha\beta}$ von $\mathscr{N}(M, Y_\beta)$ in $\mathscr{N}(M, Y_\alpha)$ durch die Definition
$$\mathscr{A}_{\alpha\beta} T_\beta = A_{\alpha\beta} T_\beta.$$
Es ist zu zeigen, daß $\mathscr{A}_{\alpha\beta}$ stetig ist, dazu genügt der Nachweis der Beschränktheit von $\mathscr{A}_{\alpha\beta}$. Es gilt
$$n(\mathscr{A}_{\alpha\beta} T_\beta) = n(A_{\alpha\beta} T_\beta) \leq \|A_{\alpha\beta}\| n(T_\beta)$$
nach Satz 1.13.
Die Bedingung $\mathscr{A}_{\alpha\beta} \mathscr{A}_{\beta\gamma} = \mathscr{A}_{\alpha\gamma}$ für $\alpha < \beta < \gamma$ folgt sofort aus der Definition.

3.4 Satz:

Ist Y ein vollständiger lokalkonvexer Raum, so ist $\mathscr{N}(M, Y)$ vollständig.

Beweis:

Da Y vollständig ist, ist Y darstellbar als projektiver Limes von Banachräumen Y_α. Daher ist für jedes α $\mathscr{N}(M, Y_\alpha)$ ein Banachraum nach Satz 1.7. Nach einem Satz über die Vollständigkeit eines projektiven Limes (vgl. KÖTHE [6], S. 235) ist der projektive Limes der vollständigen Räume $\mathscr{N}(M, Y_\alpha)$ selbst vollständig.
Als einfaches Korollar werde erwähnt:

Korollar:
Ist Y ein (F)-Raum, so ist $\mathscr{N}(M, Y)$ ein (F)-Raum.

Im folgenden werde stets vorausgesetzt:
Y ist ein dichter linearer Teilraum des topologischen projektiven Limes
$$Y = \varprojlim_\alpha A_{\alpha\beta}(Y_\beta)$$
der Banachräume Y_β, A_α sind die kanonischen Projektionen von Y in Y_α.

3.5 Lemma:

Eine Teilmenge C von Y ist genau dann präkompakt, wenn für alle α ihr Bild unter der kanonischen Projektion A_α in Y_α präkompakt ist.

Beweis:

Sei $U \in \{U\}$ ein Element der Nullumgebungsbasis von Y. Dann läßt sich U darstellen als endlicher Durchschnitt
$$U = \bigcap_{\alpha \in H} A_\alpha^{-1}(U_\alpha),$$
wo U_α ein Element der Nullumgebungsbasis von Y_α ist (vgl. SCHÄFER [15], S. 51).
Sei
$$\bigcup_{\beta \in B} (y_\beta + U)$$

eine beliebige Überdeckung von C. Dann ist

$$\bigcup_{\beta \in B} (A_\alpha y_\beta + U_\alpha)$$

eine Überdeckung von $C_\alpha = A_\alpha C$. Da C_α präkompakt ist, läßt sich aus B eine endliche Indexmenge B_α auswählen, so daß

$$\bigcup_{\beta \in B_\alpha} (A_\alpha y_\beta + U_\alpha)$$

ebenfalls eine Überdeckung von C_α ist. Setzt man schließlich

$$B_H = \bigcup_{\alpha \in H} B_\alpha,$$

dann ist

$$\bigcup_{\beta \in B_H} (y_\beta + U)$$

eine endliche Überdeckung von C. Also ist C präkompakt.
Ist andererseits C präkompakt, so ist, da die Projektionen A_α stetig sind, $C_\alpha = A_\alpha C$ präkompakt in Y_α.

3.6 Als einfache Folgerung aus 3.5 erhält man das

Lemma:

Eine stetige Abbildung T von M in Y ist präkompakt genau dann, wenn für jedes α die induzierte Abbildung $T_\alpha = A_\alpha T$ präkompakt ist.

3.7 Da jede nukleide Abbildung in einen linearen normierten Raum nach 1.9 präkompakt ist, folgt aus 3.6 der

Satz:

Jede nukleide Abbildung T von einem topologischen Raum M in einen lokalkonvexen Raum Y ist präkompakt.

3.8 Für nukleare lokalkonvexe Räume läßt sich Satz 3.7 umkehren. Es gilt der

Satz:

Jede präkompakte Abbildung T von M in den nuklearen lokalkonvexen Raum Y ist nukleid.

Beweis:

Wegen Satz 3.3 ist zu zeigen, daß die induzierten Abbildungen T_α von M in Y_α nukleid sind.

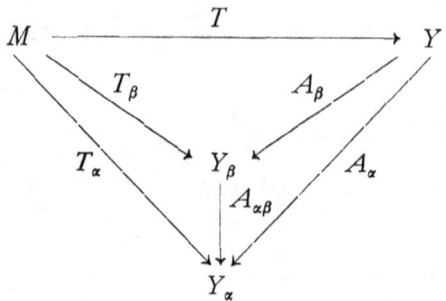

Da Y ein nuklearer lokalkonvexer Raum ist, gibt es zu Y_α ein Y_β mit $\alpha < \beta$, so daß die kanonische Abbildung $A_{\alpha\beta}$ von Y_β in Y_α nuklear ist.
Da T präkompakt ist, ist $T_\beta = A_\beta T$ beschränkt, das heißt, es gilt $s(T_\beta) < \infty$.
Nach Satz 1.14 folgt aus der Nuklearität von $A_{\alpha\beta}$ und der Beschränktheit von T_β

$$T_\alpha = A_{\alpha\beta} T_\beta$$

ist nukleid, und es gilt

$$n(T_\alpha) \leq \nu(A_{\alpha\beta}) \, s(T_\beta).$$

Damit ist der Beweis des Satzes abgeschlossen.

3.9 In einem nuklearen lokalkonvexen Raum ist jede beschränkte Teilmenge präkompakt. Daher erhält man aus 3.7 und 3.8 den

Satz:

Eine stetige Abbildung von einem beliebigen topologischen Raum M in einen nuklearen lokalkonvexen Raum Y ist dann und nur dann nukleid, wenn sie beschränkt ist.

3.10 Satz:

Ist Y ein vollständiger nuklearer lokalkonvexer Raum, M ein topologischer Raum, so ist $\mathcal{N}(M, Y)$ ein vollständiger nuklearer lokalkonvexer Raum.

Beweis:

Sei $Y = \lim\limits_{\leftarrow \alpha} A_{\alpha\beta}(Y_\beta)$, wobei die kanonischen Abbildungen $A_{\alpha\beta}$ für $\alpha < \beta$ nuklear sind. Nach Satz 3.3 ist $\mathcal{N}(M, Y)$ ebenfalls ein projektiver Limes, und zwar

$$\mathcal{N}(M, Y) = \lim\limits_{\leftarrow \alpha} \mathcal{A}_{\alpha\beta} \mathcal{N}(M, Y_\beta),$$

wobei die kanonischen Abbildungen $\mathcal{A}_{\alpha\beta}$ von $\mathcal{N}(M, Y_\beta)$ in $\mathcal{N}(M, Y_\alpha)$ definiert sind durch

$$\mathcal{A}_{\alpha\beta} T_\beta = A_{\alpha\beta} T_\beta.$$

Es ist zu zeigen, daß $\mathcal{A}_{\alpha\beta}$ eine nukleare Abbildung ist. Wegen der Nuklearität von $A_{\alpha\beta}$ gibt es lineare Funktionale l_i auf Y_β und Elemente $y_i \in Y_\alpha$ mit

$$\sum_{i=1}^{\infty} \|l_i\| \cdot \|y_i\| < \infty,$$

so daß für alle $x \in Y_\beta$ gilt

$$A_{\alpha\beta} x = \sum_{i=1}^{\infty} l_i(x) y_i.$$

Bezeichnet man mit $\mathcal{N}_c(M, Y_\beta)$ den linearen Teilraum von $\mathcal{N}(M, Y_\beta)$, der aus allen konstanten Abbildungen T von M in Y_β besteht, so kann man auf $\mathcal{N}_c(M, Y_\beta)$ lineare Funktionale L_i^0 definieren durch den Ansatz

$$L_i^0(T) = l_i(z),$$

wenn die Abbildung T den Raum M auf das Element $z \in Y_\beta$ abbildet. Wegen $n(T) = \|z\|$ sind die Räume Y_β und $\mathcal{N}_c(M, Y_\beta)$ normisomorph, und es gilt für die Norm n^* des Funktionals L_i^0

$$n^*(L_i^0) = \sup_{T \in \mathcal{N}_c(M, Y_\beta)} \frac{|L_i^0(T)|}{n(T)} = \sup_{z \in Y} \frac{|l_i(z)|}{\|z\|} = \|l_i\|.$$

Die Funktionale L_i^0 lassen sich daher nach dem Satze von HAHN–BANACH unter Erhaltung der Norm auf ganz $\mathcal{N}(M, Y_\beta)$ zu linearen Funktionalen L_i fortsetzen.
Ferner seien die Abbildungen $S_i \in \mathcal{N}_c(M, Y_\alpha)$ definiert durch $S_i x = y_i$ für $x \in M$. Es gilt $n(S_i) = \|y_i\|$.

Daher gilt für $T \in \mathcal{N}(M, Y_\beta)$

$$\mathcal{A}_{\alpha\beta} T = \sum_{i=1}^{\infty} L_i(T) S_i$$

und

$$\nu(\mathcal{A}_{\alpha\beta}) \leq \sum_{i=1}^{\infty} n^*(L_i) n(S_i) = \sum_{i=1}^{\infty} \|l_i\| \cdot \|y_i\| < \infty.$$

$\mathcal{A}_{\alpha\beta}$ ist also eine nukleare Abbildung für $\alpha < \beta$. Damit ist der Nachweis der Nuklearität von $\mathcal{N}(M, Y)$ erbracht.

Korollar:
Ist Y ein nuklearer (F)-Raum, so ist auch $\mathcal{N}(M, Y)$ ein nuklearer (F)-Raum.

4. Lineare Räume von Potenzreihen in Banachräumen

In diesem Kapitel werden stetige Abbildungen eines linearen normierten Raumes X in einen linearen normierten Raum Y betrachtet, die sich als Potenzreihen darstellen lassen. Die Gesamtheit dieser Abbildungen bildet einen linearen Raum, der in geeigneter Weise normiert werden kann. Polynome und Potenzreihen in Banachräumen wurden von einer Vielzahl von Autoren untersucht, unter anderem von GRAVES, HARTOGS, HYERS, MICHAL, TAYLOR und ZORN. Die hier benötigten klassischen Resultate sowie ausführliche Literaturhinweise sind bei HILLE und PHILLIPS [5] zu finden.

In 4.1 werden lineare normierte Räume von homogenen Polynomen untersucht. In 4.2 wird der Raum $\mathcal{P}(M, Y)$ von Potenzreihen betrachtet. Auch hier läßt sich eine Norm einführen, bezüglich derer $\mathcal{P}(M, Y)$ vollständig ist, wenn Y ein Banachraum ist. Als Beispiel werden die von E. SCHMIDT [17] betrachteten Integralpotenzreihen angeführt. In 4.3, 4.4 und 4.5 werden spezielle Unterräume von $\mathcal{P}(M, Y)$ untersucht für den Fall, daß der Definitionsbereich der Abbildungen Teilmenge einer Banachalgebra ist. Jeder dieser dort betrachteten Unterräume $\mathcal{P}_\lambda(M, Y)$, $\mathcal{P}_\nu(M, Y)$, $\mathcal{P}_\sigma(M, Y)$ läßt sich in natürlicher Weise normieren, wobei die durch diese Norm induzierte Topologie feiner ist als die Topologie in $\mathcal{P}(M, Y)$. Als wichtige Ergebnisse sind hervorzuheben, daß $\mathcal{P}_\nu(M, Y)$ ein linearer Teilraum von $\mathcal{N}(M, Y)$ ist (4.4.4), und daß das Produkt LT einer Abbildung $T \in \mathcal{P}_\sigma(M, Y)$ mit einer Hilbert–Schmidt-Abbildung L ein Element von $\mathcal{P}_\nu(M, Y)$ ist (4.5.5). Als Beispiel wird ein Urisonscher Integraloperator betrachtet.

4.1 Der lineare Raum der homogenen Polynome

4.1.1 Definition:

Seien X, Y lineare normierte Räume. Eine Abbildung P_m von X in Y heißt Polynom in x vom Grade m, wenn es Abbildungen Q_n von $X \times X$ in Y gibt, so daß für alle

$a, b \in X$ und für alle Zahlen α gilt

$$P_m(a + \alpha b) = \sum_{n=0}^{m} Q_n(a, b)\, \alpha^n.$$

Der Grad von P_m ist exakt m, wenn gilt $Q_m \neq 0$. $P(x)$ heißt Potenz von x oder homogenes Polynom vom Grade n, wenn P ein Polynom ist und wenn für alle $x \in X$ und alle Zahlen α gilt $P(\alpha x) = \alpha^n P(x)$.

Bemerkung:

Ist P ein Polynom vom genauen Grade m und homogen vom Grade n, so ist $m = n$, falls $P \neq 0$. Ist $P = 0$, so ist P homogen von beliebigem Grad.

Ist P ein Polynom vom Grade m, so ist P die Summe

$$P(x) = \sum_{n=0}^{m} P_n(x)$$

von vom Grade n homogenen Polynomen P_n.

4.1.2 Satz:

Ein vom Grade n homogenes Polynom P ist genau dann stetig, wenn es in einer Vollkugel beschränkt ist. Dann ist es in jeder Kugel beschränkt und erfüllt dort gleichmäßig eine Lipschitzbedingung der Ordnung Eins. Es existiert eine Konstante k, so daß für alle $x \in X$ gilt

$$\|P(x)\| \leq k \|x\|^n.$$

Das Infimum dieser Konstanten k heißt Norm $\pi_n(P)$ des homogenen Polynoms P.

Beweis:

HILLE und PHILLIPS [5], S. 764.

4.1.3 Satz:

Die Menge der stetigen vom Grade n homogenen Polynome P bildet einen linearen normierten Raum $\mathbf{P}_n(X, Y)$.

Beweis:

Es ist klar, daß mit P für jede Zahl α auch αP zu $\mathbf{P}_n(X, Y)$ gehört. Ferner ist für $P_1, P_2 \in \mathbf{P}_n(X, Y)$ auch $P_1 + P_2 \in \mathbf{P}_n(X, Y)$. Ebenso überzeugt man sich leicht, daß die in 4.1.2 definierte Funktion π_n die Normeigenschaften besitzt.

4.1.4 Satz:

Ist Y ein Banachraum, so ist auch $\mathbf{P}_n(X, Y)$ vollständig.

Beweis:

Es sei $\{P^{(k)}\}$ eine π_n-Cauchyfolge in $\mathbf{P}_n(X, Y)$. Sei $\{i_k\}$ eine monotone Folge natürlicher Zahlen, für die gilt

$$\pi_n(P^{(i)} - P^{(j)}) < \frac{1}{2^k}$$

für $i, j \geq i_k$. Dann gilt

$$\|P^{(i)}(x) - P^{(j)}(x)\| \leq \frac{1}{2^k} \|x\|^n.$$

Für jedes feste $x \in X$ ist also $\{P^{(i)}(x)\}$ eine Cauchyfolge. Da Y vollständig ist, existiert der Grenzwert $\lim P^{(i)}(x)$. Setzt man

$$P(x) = \lim P^{(i)}(x),$$

so gilt:
P ist homogen vom Grade n, denn es ist

$$P(\alpha x) = \lim P^{(i)}(\alpha x) = \alpha^n \lim P^{(i)}(x) = \alpha^n P(x).$$

P ist ein Polynom, denn für alle $a, b \in X$ und alle Zahlen α gilt

$$P(a + \alpha b) = \lim P^{(i)}(a + \alpha b) = \lim \sum_{m=0}^{n} P_m^{(i)}(a, b) \alpha^m = \sum_{m=0}^{n} P_m(a, b) \alpha^m.$$

P ist beschränkt für alle $x \in X$ mit $\|x\| \leq c$ $(c > 0)$:

$$\|P(x)\| \leq \|P(x) - P^{(i)}(x)\| + \|P^{(i)}(x)\| \leq \left(\frac{1}{2^k} + \pi_n(P^{(i)})\right) \|x\|^n$$

für $i \geq i_k$.

Nach 4.1.2 ist P somit stetig und ist ein Element aus $\mathbf{P}_n(X, Y)$.

4.2 Der lineare Raum der Potenzreihen

4.2.1 Definition:

Seien X und Y lineare normierte Räume, M sei eine Teilmenge von X. Mit $\mathscr{P}(M, Y)$ werde die Menge aller stetigen Abbildungen T von M in Y bezeichnet, für die gilt:
Es gibt eine Folge $\{P_n\}$ von stetigen vom Grade n homogenen Polynomen P_n mit

$$\sum_{n=0}^{\infty} \pi_n(P_n) < \infty,$$

so daß für alle $x \in X$ gilt

$$Tx = \sum_{n=0}^{\infty} P_n(x).$$

Es sei

$$p(T) = \sum_{n=0}^{\infty} \pi_n(P_n).$$

4.2.2 Bemerkung:

Nach HILLE und PHILLIPS konvergiert eine Potenzreihe

$$\sum_{n=0}^{\infty} P_n(x) \tag{5}$$

mit homogenen Polynomen P_n für alle $x \in X$ mit $\|x\| < r$, wobei r gegeben ist durch

$$\frac{1}{r} = \limsup \pi_n(P_n)^{1/n}.$$

Der Einfachheit halber werde hier $r = 1$ angenommen; hat nämlich (5) einen endlichen Konvergenzradius $s \neq 1$, so hat

$$\sum_{n=0}^{\infty} P_n\left(\frac{x}{s}\right)$$

den Konvergenzradius $r = 1$. Ist $s = \infty$, so bleiben die Ergebnisse richtig, wenn man sie für jedes endliche s betrachtet. Sei also im folgenden M stets in der offenen Einheitskugel von X enthalten.

4.2.3 Satz:

$\mathscr{P}(M, Y)$ ist ein linearer normierter Raum mit der Norm p.

Beweis:

Ist $T \in \mathscr{P}(M, Y)$ und α eine beliebige Zahl, so ist

$$\alpha T x = \sum_{n=0}^{\infty} \alpha P_n(x),$$

also $\alpha T \in \mathscr{P}(M, Y)$. Für

$$T_i x = \sum_{n=0}^{\infty} P_n^{(i)}(x) \qquad i \in \{1, 2\}$$

ist

$$(T_1 + T_2) x = \sum_{n=0}^{\infty} P_n^{(1)}(x) + P_n^{(2)}(x),$$

daher ist $T_1 + T_2 \in \mathscr{P}(M, Y)$ wegen Satz 4.1.3. $\mathscr{P}(M, Y)$ ist also ein linearer Raum.

Gilt $p(T) = 0$, so ist

$$\sum_{n=0}^{\infty} \pi_n(P_n) = 0.$$

Also ist für alle n auch $\pi_n(P_n) = 0$, daher ist $T = 0$. Schließlich folgt die Dreiecksungleichung aus der Beziehung

$$p(T_1 + T_2) = \sum_{n=0}^{\infty} \pi_n(P_n^{(1)} + P_n^{(2)}) \leq \sum_{n=0}^{\infty} \pi_n(P_n^{(1)}) + \pi_n(P_n^{(2)})$$
$$\leq p(T_1) + p(T_2).$$

Damit ist der Satz vollständig bewiesen, denn die Beziehung $p(\alpha T) = |\alpha| p(T)$ für eine beliebige Zahl α ist sofort einzusehen.

4.2.4 Lemma:

Für $T \in \mathscr{P}(M, Y)$ gilt stets

$$s(T) \leq p(T).$$

Beweis:

Es gilt

$$s(T) = \sup_{x \in M} \|Tx\| = \sup_{x \in M} \left\| \sum_{n=0}^{\infty} P_n(x) \right\| \leq \sum_{n=0}^{\infty} \sup_{x \in M} \|P_n(x)\|.$$

Wegen

$$s(P_n) = \sup_{x \in M} \|P_n(x)\| \leq \sup_{x \in M} \frac{\|P_n(x)\|}{\|x\|^n} \|x\|^n \leq \pi_n(P_n)$$

hat man also

$$s(P_n) \leq \pi_n(P_n)$$
$$s(T) \leq p(T).$$

4.2.5 Satz:

Ist Y vollständig, so gilt: Ist $\{T_k\}$ eine p-Cauchyfolge in $\mathscr{P}(M, Y)$, und gibt es eine stetige Abbildung T von M in Y mit

$$\lim T_k x = T x$$

für alle $x \in M$, so ist auch $T \in \mathscr{P}(M, Y)$, und es gilt

$$p\text{-}\lim T_k = T.$$

Beweis:

Sei $\{i_k\}$ eine monotone Folge natürlicher Zahlen mit

$$p(T_i - T_j) < \frac{1}{2^{k+2}}$$

für $i, j \geq i_k$, dann ist für $m = 1, 2, \ldots$

$$(T_{i_{k+m}} - T_{i_k}) x = \sum_{j=k}^{k+m-1} \sum_{n=0}^{\infty} P_n^{(j)}(x).$$

Für $m \to \infty$ gilt also

$$(T - T_{i_k}) x = \sum_{j=k}^{\infty} \sum_{n=0}^{\infty} P_n^{(j)}(x).$$

Außerdem gilt nach Voraussetzung

$$\sum_{j=k}^{\infty} \sum_{n=0}^{\infty} \pi_n(P_n^{(j)}) < \frac{1}{2^{k+1}}.$$

Nach 4.1.4 ist

$$\sum_{j=k}^{\infty} P_n^{(j)} = P_n$$

ein homogenes Polynom vom Grade n, daher hat man für $T - T_{i_k}$ eine Darstellung

$$(T - T_{i_k}) x = \sum_{n=0}^{\infty} P_n(x),$$

also ist $T - T_{i_k} \in \mathscr{P}(M, Y)$ und daher auch $T \in \mathscr{P}(M, Y)$.

Schließlich gilt für $i \geq i_k$

$$p(T - T_i) \leq p(T - T_{i_k}) + p(T_{i_k} - T_i) < \frac{1}{2^k}.$$

Damit ist der Beweis des Satzes abgeschlossen.

4.2.6 Als einfache Folgerung aus 4.2.5 erhält man den

Satz:

Ist Y vollständig, so ist auch $\mathscr{P}(M, Y)$ ein Banachraum.

Beweis:

Es sei $\{T_k\}$ eine p-Cauchyfolge in $\mathscr{P}(M, Y)$. Daher gibt es zu jedem $\varepsilon > 0$ ein i_0, so daß für alle $i, j \geq i_0$ gilt $p(T_i - T_j) < \varepsilon$. Für jedes $x \in M$ ist die Folge $\{T_k x\}$ eine Cauchyfolge in Y, denn es gilt wegen 4.2.4

$$\|T_i x - T_j x\| \leq s(T_i - T_j) \leq p(T_i - T_j) < \varepsilon.$$

Nun definiert man die Abbildung T durch den Ansatz
$$Tx = \lim T_k x$$
für alle $x \in M$. T ist stetig als gleichmäßiger Grenzwert stetiger Abbildungen, also gehört T nach 4.2.5 zu $\mathscr{P}(M, Y)$.

4.2.7 Beispiel:

Es sei X die Banachalgebra der auf $[a, b]$ stetigen reellen Funktionen. Nach E. SCHMIDT [17] heißt ein Ausdruck
$$u^{a_0}(s) \int_a^b \ldots \int_a^b K(s, t_1, \ldots, t_r) u^{a_1}(t_1) \ldots u^{a_r}(t_1) dt_1 \ldots dt_r$$
ein Integralpotenzglied m-ten Grades, wenn die Koeffizientenfunktion für $a \leq s, t_1, \ldots, t_r \leq b$ stetig definiert ist, $a_0, a_1, \ldots, a_r$ eine beliebige Anzahl ganzer Zahlen ist, die der Bedingung $a_0 + a_1 + \ldots + a_r = m$, $a_0 \geq 0$, $a_1 \geq 1, \ldots, a_r \geq 1$ genügen.
Eine Integralpotenzform m-ten Grades ist die Summe einer endlichen Zahl von Integralpotenzgliedern. Wie man sich leicht überzeugt, ist eine Integralpotenzform m-ten Grades ein vom Grade m homogenes Polynom $P_m(x)$. Ist $P_m(x)$ eine Integralpotenzform, so bezeichnet SCHMIDT mit $|P_m|(x)$ diejenige Integralpotenzform, die aus P_m hervorgeht, wenn man jede Koeffizientenfunktion K durch ihren absoluten Betrag ersetzt. Eine Integralpotenzreihe ist eine unendliche Summe von Integralpotenzformen P_m vom m-ten Grade
$$Tx = \sum_{m=0}^{\infty} P_m(x).$$
Sie heißt nach SCHMIDT regulär konvergent, wenn – in der hier eingeführten Schreibweise – die Reihe
$$\sum_{n=0}^{\infty} \pi_n(|P_n|) \|x\|^n$$
konvergiert.

Daher gilt: Ist eine Integralpotenzreihe T regulär konvergent für alle x mit $\|x\| \leq 1$, so ist $T \in \mathscr{P}(M, Y)$ (M bezeichnet die Einheitskugel in X).

4.3 Der lineare Raum $\mathscr{P}_\lambda(M, Y)$

4.3.1 Es sei X eine kommutative normierte Algebra, M eine Teilmenge der offenen Einheitskugel von X und Y ein linearer normierter Raum. In $\mathscr{P}(M, Y)$ läßt sich eine Klasse von Abbildungen T von M in Y auszeichnen, die eine besonders einfache Gestalt haben.

Definition:
Es sei $\mathscr{P}_\lambda(M, Y)$ die Menge aller stetigen Abbildungen T von M in Y, für die gilt:
Es gibt stetige lineare Abbildungen K_n ($n = 1, 2, \ldots$) von X in Y mit
$$p_\lambda(T) = \sum_{n=1}^{\infty} \|K_n\| < \infty,$$
so daß für alle $x \in M$ gilt
$$Tx = \sum_{n=1}^{\infty} K_n x^n.$$

Bemerkung:
Es ist nicht notwendig, X als normierte Algebra festzusetzen. Für die Untersuchungen ist es ausreichend, wenn X ein linearer normierter Raum ist und M eine Teilmenge von X, deren Elemente x die Eigenschaft haben, daß mit x auch alle Potenzen $x^2, x^3, \ldots$ in X liegen.

4.3.2 Wie in 4.2.3 beweist man den

Satz:
$\mathscr{P}_\lambda(M, Y)$ ist ein linearer normierter Raum mit der Norm p_λ.

4.3.3 Satz:
$\mathscr{P}_\lambda(M, Y)$ ist ein linearer Teilraum von $\mathscr{P}(M, Y)$, und es gilt für $T \in \mathscr{P}_\lambda(M, Y)$
$$p(T) \leq p_\lambda(T).$$
Beweis:
Man sieht sofort, daß $P_n(x) = K_n x^n$ ein homogenes Polynom ist. Ferner ist
$$\pi_n(P_n) = \sup_{x \in X} \frac{\|P_n(x)\|}{\|x\|^n} \leq \sup_{x \in X} \frac{\|K_n x\|}{\|x\|} = \|K_n\|.$$
Also gilt
$$p(T) \leq p_\lambda(T).$$

4.3.4 Berücksichtigt man, daß der Raum $\mathscr{L}(X, Y)$ der linearen Abbildungen von X in Y ein Banachraum ist, wenn Y ein Banachraum ist, so läßt sich ebenso wie in 4.2.5, 4.2.6 beweisen:

Satz:
$\mathscr{P}_\lambda(M, Y)$ ist ein Banachraum, wenn Y vollständig ist.

4.3.5 Beispiel:

Sei X eine kommutative komplexe Banachalgebra mit Einselement. Sei D eine offene zusammenhängende Teilmenge von X, T bilde D in X ab. Dann heißt nach LORCH [8] $T'(x_0)$ eine (L)-Ableitung von T in x_0, wenn zu jedem $\varepsilon > 0$ ein $\delta > 0$ existiert, so daß für alle $h \in X$ mit $\|h\| < \delta$ gilt
$$\|T(x_0 + h) - T(x_0) - h T'(x_0)\| < \varepsilon \|h\|.$$
Hat T eine (L)-Ableitung in jedem Punkt $x_0 \in D$, so heißt T (L)-analytisch in D. Ist T (L)-analytisch in D und liegt die abgeschlossene Einheitskugel M von X in D, so ist $T \in \mathscr{P}_\lambda(M, X)$.

Beweis:
T hat die Taylorentwicklung
$$Tx = \sum_{n=0}^\infty a_n x^n \qquad a_n \in X.$$
Da diese Reihe konvergiert für alle x mit $\|x\| < r$ mit
$$\frac{1}{r} = \limsup \|a_n\|^{1/n},$$
ist
$$\sum_{n=0}^\infty \|a_n\| < \infty.$$

4.4 Der lineare Raum $\mathscr{P}(M, Y)$

4.4.1 Im folgenden wird ein wichtiger linearer Teilraum $\mathscr{P}_\nu(M, Y)$ von $\mathscr{P}_\lambda(M, Y)$ betrachtet. Es wird gezeigt, daß $\mathscr{P}_\nu(M, Y)$ auch ein linearer Teilraum von $\mathscr{N}(M, Y)$ ist. X, Y und M seien definiert wie in 4.3.1.

Definition:
Es sei $\mathscr{P}_\nu(M, Y)$ die Menge aller stetigen Abbildungen T von M in Y, für die gilt: Es existieren nukleare Abbildungen K_n ($n = 1, 2, \ldots$) von X in Y mit

$$p_\nu(T) = \sum_{n=1}^{\infty} \nu(K_n) < \infty,$$

so daß für alle $x \in M$ gilt

$$Tx = \sum_{n=1}^{\infty} K_n x^n.$$

4.4.2 Wie in 4.2.3 beweist man den

Satz:
$\mathscr{P}_\nu(M, Y)$ ist ein linearer normierter Raum mit der Norm p_ν.

4.4.3 Satz:
$\mathscr{P}_\nu(M, Y)$ ist ein linearer Teilraum von $\mathscr{P}_\lambda(M, Y)$, und es gilt für $T \in \mathscr{P}_\nu(M, Y)$

$$p_\lambda(T) \leq p_\nu(T).$$

Beweis:
Wegen $\|K_n\| \leq \nu(K_n)$ (vgl. PIETSCH [12]) ist die Behauptung des Satzes sofort einzusehen.

4.4.4 Satz:
$\mathscr{P}_\nu(M, Y)$ ist ein linearer Teilraum von $\mathscr{N}(M, Y)$, und es gilt für $T \in \mathscr{P}_\nu(M, Y)$

$$n(T) \leq p_\nu(T).$$

Beweis:
Sei $T \in \mathscr{P}_\nu(M, Y)$ gegeben durch die Darstellung

$$Tx = \sum_{n=1}^{\infty} K_n x^n.$$

Da die Abbildungen K_n nuklear sind, gibt es zu jedem $\delta > 0$ lineare Funktionale l_{ni} auf X und Elemente $y_{ni} \in Y$, so daß gilt

$$\sum_{i=1}^{\infty} \|l_{ni}\| \cdot \|y_{ni}\| < \frac{\delta}{2^n} + \nu(K_n)$$

mit

$$K_n x = \sum_{i=1}^{\infty} l_{ni}(x) y_{ni}$$

für alle $x \in X$. Für $x \in M$ werde gesetzt

$$f_{ni}(x) = l_{ni}(x^n),$$

dann ist für alle $x \in M$

$$Tx = \sum_{n=1}^{\infty} \sum_{i=1}^{\infty} f_{ni}(x) y_{ni}.$$

$\|f_{ni}\|$ läßt sich abschätzen durch

$$\|f_{ni}\| = \sup_{x \in M} |f_{ni}(x)| = \sup_{x \in M} |l_{ni}(x^n)| \leq \sup_{x \in M} \frac{|l_{ni}(x^n)|}{\|x^n\|} \|x^n\|.$$

Also ist wegen $\|x\| \leq 1$ $\|f_{ni}\| \leq \|l_{ni}\|$. Daher ist

$$n(T) \leq \sum_{n=1}^{\infty} \sum_{i=1}^{\infty} \|f_{ni}\| \cdot \|y_{ni}\| \leq \sum_{n=1}^{\infty} \sum_{i=1}^{\infty} \|l_{ni}\| \cdot \|y_{ni}\| \leq \sum_{n=1}^{\infty} v(K_n) + \delta.$$

Für $\delta \to 0$ erhält man schließlich

$$n(T) \leq p_v(T).$$

Also ist $T \in \mathcal{N}(M, Y)$.

4.4.5 Aus 4.4.4, 1.9 und 1.10 folgen die Aussagen:

Satz:
Jede Abbildung $T \in \mathcal{P}_v(M, Y)$ ist präkompakt. Der Bildraum von T ist separabel und nuklear.

4.4.6 Lemma:

Ist Y vollständig, dann gilt: Ist $\{T_k\}$ eine p_v-Cauchyfolge aus $\mathcal{P}_v(M, Y)$, und gibt es eine stetige Abbildung T von M in Y mit $\lim T_k x = Tx$ für alle $x \in M$, so ist $T \in \mathcal{P}_v(M, Y)$, und es gilt

$$p_v\text{-lim } T_k = T.$$

Beweis:
Sei $\{i_k\}$ eine monoton wachsende Folge natürlicher Zahlen, für die gilt

$$p_v(T_i - T_j) < \frac{1}{2^{k+2}}$$

für $i, j \geq i_k$, so können die Abbildungen $T_{i_{k+1}} - T_{i_k}$ dargestellt werden in der Form

$$(T_{i_{k+1}} - T_{i_k}) x = \sum_{n=1}^{\infty} K_n^{(k)} x^n$$

für $x \in M$ mit nuklearen Abbildungen $K_n^{(k)}$, so daß gilt

$$\sum_{n=1}^{\infty} v(K_n^{(k)}) < \frac{1}{2^{k+2}}.$$

Für $m = 1, 2, \ldots$ gilt dann

$$(T_{i_{k+m}} - T_{i_k}) = \sum_{j=k}^{k+m-1} \sum_{n=1}^{\infty} K_n^{(j)} x^n.$$

Daraus erhält man für $m \to \infty$

$$(T - T_{i_k}) x = \sum_{j=k}^{\infty} \sum_{n=1}^{\infty} K_n^{(j)} x^n.$$

Setzt man

$$K_n = \sum_{j=k}^{\infty} K_n^{(j)},$$

so ist wegen

$$\sum_{j=k}^{\infty} \sum_{n=1}^{\infty} \nu(K_n^{(j)}) < \frac{1}{2^{k+1}}$$

$$\nu(K_n) \leq \sum_{j=k}^{\infty} \nu(K_n^{(j)})$$

beschränkt. K_n ist eine nukleare Abbildung, da der Raum der nuklearen Abbildungen von X in Y mit Y vollständig ist. Daher ist $T - T_{i_k}$ eine Abbildung aus $\mathscr{P}_\nu(M, Y)$, für die gilt

$$p_\nu(T - T_{i_k}) < \frac{1}{2^{k+1}}.$$

Schließlich erhält man für $k \geq i_k$ mit

$$p_\nu(T - T_k) \leq p_\nu(T - T_{i_k}) + p_\nu(T_k - T_{i_k}) \leq \frac{1}{2^k}$$

die Behauptung des Lemmas.

4.4.7 Eine einfache Folgerung aus diesem Lemma ist der

Satz:
Ist Y vollständig, so ist $\mathscr{P}_\nu(M, Y)$ ein Banachraum mit der Norm p_ν.

Der Beweis dieses Satzes wird wie in 4.3.4 geführt, da wegen 4.2.4 für $T \in \mathscr{P}_\nu(M, Y)$ gilt

$$s(T) \leq p(T) \leq p_\lambda(T) \leq p_\nu(T).$$

4.4.8 Ist X eine Hilbertsche Algebra (vgl. NEUMARK [9]) und M eine Teilmenge der offenen Einheitskugel von X, so läßt sich auch in $\mathscr{P}_\nu(M, X)$ ein Skalarprodukt einführen.

Bezeichnet man mit $|L|$ die Abbildung $(L^*L)^{1/2}$, so existiert $|L|^{1/2}$. Für nukleare Abbildungen L gilt, daß $|L|^{1/2}$ eine Hilbert–Schmidt-Abbildung ist (vgl. SCHATTEN [16], S. 39), und es gilt

$$\nu(L) = \sigma(|L|^{1/2})^2.$$

(Ist K eine Hilbert–Schmidt-Abbildung von dem Hilbertraum X in den Hilbertraum Y, so ist

$$\sigma(K) = \left(\sum_{i=1}^{\infty} \sum_{j=1}^{\infty} |(Kx_i, y_j)|^2 \right)^{1/2},$$

wo $\{x_i\}$ bzw. $\{y_j\}$ vollständige Orthonormalsysteme in X bzw. Y sind, eine Norm im Raum der Hilbert–Schmidt-Abbildungen.)

Satz:
$\mathscr{P}_\nu(M, Y)$ ist ein Hilbertraum mit dem Skalarprodukt

$$(T_1, T_2) = \sum_{n=1}^{\infty} \sigma(|K_n^{(1)}|^{1/2}) \, \sigma(|K_n^{(2)}|^{1/2}),$$

wenn T_i die Darstellung

$$T_i x = \sum_{n=1}^{\infty} K_n^{(i)} x^n$$

für $x \in M$, $i \in \{1, 2\}$ mit nuklearen Abbildungen $K_n^{(i)}$ hat.

Beweis:
Wegen 4.4.7 ist nur noch zu zeigen, daß gilt

$$p_\nu(T) = (T, T)^{1/2}.$$

Dies folgt aber aus der schon erwähnten Tatsache, daß für nukleare Abbildungen K gilt

$$\nu(K) = \sigma(|K|^{1/2})^2.$$

Bemerkung:
Die Bemerkung aus 4.3.1 ist hier sinngemäß anwendbar.

4.4.9 Satz:

Ist L eine stetige lineare Abbildung von dem linearen normierten Raum Y in den linearen normierten Raum Z, so folgt aus $T \in \mathscr{P}_\nu(M, Y)$

$$LT \in \mathscr{P}_\nu(M, Z) \quad \text{und} \quad p_\nu(LT) \leq \|L\| p_\nu(T).$$

Ist L' eine nukleare Abbildung von Y in Z, so folgt aus $T \in \mathscr{P}_\lambda(M, Y)$

$$L'T \in \mathscr{P}_\nu(M, Z) \quad \text{und} \quad p_\nu(L'T) \leq \nu(L') p_\lambda(T).$$

Beweis:
Da für eine nukleare Abbildung K von X in Y

$$\nu(LK) \leq \|L\| \nu(K)$$

bzw. für eine lineare stetige Abbildung K' von X in Y

$$\nu(L'K') \leq \|K'\| \nu(L')$$

gilt, ist die Behauptung des Satzes sofort einzusehen.

4.4.10 Beispiel:

Es sei M die Menge aller $x \in L_2[0, 1]$ mit $\|x\| < 1$, für die alle Potenzen x^n ($n = 1, 2, \ldots$) erklärt sind. Es sei $U(t, \tau, \lambda)$ eine reellwertige Funktion der reellen Variablen t, τ, λ, die die folgenden Bedingungen erfüllt:

(K1) $U(t, \tau, \lambda)$ ist eine ganze analytische Funktion in λ.

(K2)   Es existiert eine Funktion $R(t, \tau) \in L_2([0, 1] \times [0, 1])$ mit

$$|U(t, \tau, \lambda)| \leq R(t, \tau) |\lambda|.$$

(N1) $U(t, \tau, \lambda) = U(\tau, t, \lambda)$ für alle $t, \tau \in [0, 1]$.

(N2) $U(t, \tau, 0) = 0$ für alle $t, \tau \in [0, 1]$.

(N3) $\int_0^1 \int_0^1 \left. \frac{\partial^n}{\partial \lambda^n} U(t, \tau, \lambda) \right|_{\lambda = 0} x(t) x(\tau) \, dt \, d\tau \geq 0$

für alle n ($n = 1, 2, \ldots$) und für alle $x \in L_2[0, 1]$.

(N4) $\int_0^1 U(t, t, 1) \, dt < \infty$.

Dann gilt:

(1) Unter den Bedingungen (K1) und (K2) ist der Urisonoperator T, definiert durch

$$(Tx)(t) = \int_0^1 U(t, \tau, x(\tau))\, d\tau$$

als Abbildung von $L_2[0, 1]$ in sich stetig und relativ kompakt.

(2) Unter den Bedingungen (K1), (K2), (N1) bis (N4) ist $T \in \mathscr{P}_\nu(M, L_2[0, 1])$, und es gilt

$$p_\nu(T) = \int_0^1 U(t, t, 1)\, dt.$$

Beweis:

Die Behauptung (1) ist ein Ergebnis von NEMYTSKI [9] unter der schwächeren Bedingung:

(K1') $U(t, \tau, \lambda)$ ist stetig in λ für alle reellen λ (vgl. KRASNOSELSKI [7]).

Es werde nun die Behauptung (2) bewiesen.

Wegen (K1) läßt sich U als Potenzreihe darstellen

$$U(t, \tau, \lambda) = \sum_{n=1}^\infty U_n(t, \tau)\, \lambda^n.$$

Aus (N1) und dem Identitätssatz für Potenzreihen folgt

$$U_n(t, \tau) = U_n(\tau, t),$$

das heißt, die lineare Abbildung K_n von $L_2[0, 1]$ in sich, die durch

$$(K_n x)(t) = \int_0^1 U_n(t, \tau)\, x(\tau)\, d\tau$$

definiert ist, ist symmetrisch.

Aus (N3) folgt, daß K_n positiv semidefinit ist. Daher läßt sich $U_n(t, \tau)$ darstellen in der Form

$$U_n(t, \tau) = \sum_{i=1}^\infty \mu_i^{(n)}\, x_i^{(n)}(t)\, x_i^{(n)}(\tau),$$

wobei die $x_i^{(n)}$ die orthonormierten Eigenelemente von K_n zu den (positiven) Eigenwerten $\mu_i^{(n)}$ sind. Nach GELFAND und WILENKIN [3] gilt für nukleare positiv semidefinite Integraloperatoren

$$(Kx)(t) = \int_0^1 U(t, \tau)\, x(\tau)\, d\tau$$

$$\nu(K) = \int_0^1 U(t, t)\, dt.$$

Andererseits ist wegen (N4)

$$\int_0^1 U(t, t, 1)\, dt = \int_0^1 \sum_{n=1}^\infty U_n(t, t)\, dt = \sum_{n=1}^\infty \int_0^1 U_n(t, t)\, dt$$

beschränkt (die Vertauschbarkeit von Summation und Integration ist nach einem Satz von B. Levi gesichert). Daher ist K_n nuklear für alle n ($n = 1, 2, \ldots$), und es gilt

$$p_\nu(T) = \sum_{n=1}^\infty \nu(K_n) = \sum_{n=1}^\infty \sum_{i=1}^\infty \mu_i^{(n)} = \int_0^1 U(t, t, 1)\, dt.$$

Damit ist auch die Behauptung (2) bewiesen.

4.5 Der lineare Raum $\mathscr{P}_\sigma(M, Y)$

4.5.1 Neben $\mathscr{P}_\nu(M, Y)$ spielt der lineare Teilraum $\mathscr{P}_\sigma(M, Y)$ von $\mathscr{P}_\lambda(M, Y)$ eine wichtige Rolle.

Es sei X eine Hilbertsche Algebra (vgl. NEUMARK [10]), M eine Teilmenge der Einheitskugel von X und Y ein Hilbertraum.

Definition:

Mit $\mathscr{P}_\sigma(M, Y)$ werde die Menge aller stetigen Abbildungen T von M in Y bezeichnet, die sich mit Hilbert–Schmidt-Abbildungen K_n von X in Y darstellen lassen in der Form

$$Tx = \sum_{n=1}^\infty K_n x^n$$

für alle $x \in M$, wobei die Abbildungen K_n der Bedingung

$$p_\sigma(T) = \sum_{n=1}^\infty \sigma(K_n) < \infty$$

genügen.

4.5.2 Wie in 4.4.2 gilt: $\mathscr{P}_\sigma(M, Y)$ ist ein linearer Raum mit der Norm p_σ. Da der Raum der Hilbert–Schmidt-Abbildungen von X in Y bezüglich der Norm σ vollständig ist, ist auch $\mathscr{P}_\sigma(M, Y)$ ein Banachraum.

4.5.3 Wegen $\|K\| \leq \sigma(K)$ für eine Hilbert–Schmidt-Abbildung K gilt, daß $\mathscr{P}_\sigma(M, Y)$ ein linearer Teilraum von $\mathscr{P}_\lambda(M, Y)$ ist und daß für $T \in \mathscr{P}_\sigma(M, Y)$ die Relation

$$p_\lambda(T) \leq p_\sigma(T)$$

besteht.

4.5.4 Das Produkt einer Hilbert–Schmidt-Abbildung mit einer stetigen linearen Abbildung ist eine Hilbert–Schmidt-Abbildung, folglich gilt der

Satz:

Ist L eine Hilbert–Schmidt-Abbildung von Y in den Hilbertraum Z, $T \in \mathscr{P}_\lambda(M, Y)$, so gilt

$$LT \in \mathscr{P}_\sigma(M, Z) \quad \text{und} \quad p_\sigma(LT) \leq \sigma(L)\, p_\lambda(T).$$

4.5.5 Schließlich erhält man unter Benutzung der Tatsache, daß das Produkt zweier Hilbert–Schmidt-Abbildungen nuklear ist, die Aussage:

Satz:

Ist $T \in \mathscr{P}_\sigma(M, Y)$, L eine Hilbert–Schmidt-Abbildung von Y in den Hilbertraum Z, so ist

$$LT \in \mathscr{P}_\nu(M, Z),$$

und es gilt

$$p_\nu(LT) \leq \sigma(L)\, p_\sigma(T).$$

Literaturverzeichnis

[1] BANACH, S., Théorie des Opérations linéaires, Warschau 1932.
[2] DYNIN, A. S., und B. S. MITIAGIN, Criterion for nuclearity in terms of approximative dimension, Bull. Acad. Polon. Sci. 8 (1960), 535–540.
[3] GELFAND, I. M., und N. J. WILENKIN, Verallgemeinerte Funktionen (Distributionen), Band 4, Berlin 1964.
[4] GROTHENDIECK, A., Produits tensoriels topologiques et espaces nucléaires, Mem. Am. Math. Soc. 19 (1955).
[5] HILLE, E., und R. S. PHILLIPS, Functional analysis and semi-groups, Am. Math. Soc. Coll. Publ., Providence 1957.
[6] KÖTHE, G., Topologische lineare Räume, Berlin–Göttingen–Heidelberg 1960.
[7] KRASNOSELSKI, M. A., Topological Methods in the Theory of Nonlinear Integral Equations, Pergamon Press, New York 1964.
[8] LORCH, E. R., The theory of analytic functions in normed abelian vector rings, Trans. Am. Math. Soc. 54 (1943), 414–425.
[9] NEMYTSKI, V. V., On a class of nonlinear integral equations, Mat. Sbornik 41, No. 4 (1934).
[10] NEUMARK, D. M., Normierte Algebren, VEB Deutscher Verlag der Wissenschaften, Berlin 1959.
[11] PIETSCH, A., Einige neue Klassen von kompakten linearen Abbildungen, Rev. Math. pures appl., Bukarest 8 (1963), 427–447.
[12] PIETSCH, A., Nukleare lokalkonvexe Räume, Akademie-Verlag, Berlin 1965.
[13] PIETSCH, A., Quasinukleare Abbildungen in normierten Räumen, Math. Ann. 165 (1966), 76–90.
[14] RUSTON, A. F., On the Fredholm theory of integral equations for operators belonging to the trace class of a general Banach space, Proc. London Math. Soc. (2), 53 (1951), 109–124.
[15] SCHÄFER, H., Topological Vector Spaces, MacMillan Co., New York 1966.
[16] SCHATTEN, R., Norm ideals of completely continuous operators, Berlin–Göttingen–Heidelberg 1960.
[17] SCHMIDT, E., Über die Auflösung der nichtlinearen Integralgleichung und die Verzweigung ihrer Lösungen, Math. Ann. 65 (1908).
[18] VAINBERG, M. M., Variational Methods for the Study of Nonlinear Operators, Holden Day Inc., London 1964.

GPSR Compliance
The European Union's (EU) General Product Safety Regulation (GPSR) is a set of rules that requires consumer products to be safe and our obligations to ensure this.

If you have any concerns about our products, you can contact us on

ProductSafety@springernature.com

In case Publisher is established outside the EU, the EU authorized representative is:

Springer Nature Customer Service Center GmbH
Europaplatz 3
69115 Heidelberg, Germany

www.ingramcontent.com/pod-product-compliance
Lightning Source LLC
LaVergne TN
LVHW060145080526
838202LV00049B/4095